Martin/Pohl/Elze

Technische Hydromechanik

Band 3

Technische Hydromechanik
Band 3

Aufgabensammlung
3., durchgesehene und korrigierte Auflage

Helmut Martin, Reinhard Pohl, Rainer Elze

HUSS-MEDIEN GmbH • 10400 Berlin

Bibliografische Information der Deutschen Nationalbibliothek
Die Deutsche Nationalbibliothek verzeichnet diese Publikation in der
Deutschen Nationalbibliografie; detaillierte bibliografische Daten sind im
Internet über http://dnb.d-nb.de abrufbar.

ISBN 978-3-345-00930-3

3., durchgesehene und korrigierte Auflage
© 2010 HUSS-MEDIEN GmbH
Verlag Bauwesen
Am Friedrichshain 22
10407 Berlin

Tel.: 030 42151-0
Fax: 030 42151-273

E-Mail: huss.medien@hussberlin.de
http://www.huss-shop.de

Eingetragen im Handelsregister Berlin HRB 36260
Geschäftsführer: Wolfgang Huss, Erich Hensler

Layout und Einband: HUSS-MEDIEN GmbH
Druck und Bindearbeiten: docupoint GmbH

Redaktionsschluss: 30. Juni 2010

Vorwort

Die Aufgabensammlung „Technische Hydromechanik/3" soll besonders den Studierenden des Bau- und Wasserwesens sowie der Hydrologie den Einstieg in die Technische Hydromechanik erleichtern. Die nun in der dritten Auflage vorliegende Aufgabensammlung stellt eine Ergänzung zu den im Band „Technische Hydromechanik/1" enthaltenen Erläuterungen und Beispielen dar und ist so angelegt, dass hydraulische Zusammenhänge vertieft und spezielle Fertigkeiten in der Hydromechanik trainiert werden können.

Für die im Band 1 nach enzyklopädischen Aspekten erläuterten physikalischen Phänomene der Hydromechanik wurden nach didaktischen Gesichtspunkten Aufgaben mit Lösungen ausgewählt, mit denen die hydraulische Modellbildung, die Anwendung von Berechnungsalgorithmen sowie analytische und grafische Lösungsverfahren exemplarisch gezeigt werden können.

Die Grundzüge der Aufgabenstellungen wurden im wesentlichen aus den Aufgabensammlungen des Institutes für Wasserbau und Technische Hydromechanik der Technischen Universität Dresden entnommen, die auf der Grundlage jahrzehntelanger Lehrerfahrung aufgebaut wurde. Die ausgewählten Aufgaben wurden von den Autoren überarbeitet und für die vorliegende Aufgabensammlung aufbereitet.

Dem Verlag HUSS-MEDIEN GmbH, Berlin, insbesondere dem Lektor, Hern Dipl.-Ing. Wolfhard Spies, danken die Autoren für die Ermutigung und Unterstützung zur Arbeit an der Neuauflage des Bandes 3.

Die Autoren danken den Lesern für die freundliche Aufnahme der ersten beiden Auflage und hoffen, auch mit der korrigierten dritten Auflage des vorliegenden Buches Hilfe und Unterstützung beim Studium von hydromechanischen Gesetzmäßigkeiten zu geben. Alle Anregungen und kritischen Hinweise nehmen wir gern entgegen.

Die Autoren

Inhaltsverzeichnis

1 Einführung

Der im Bau- und Wasserwesen tätige Ingenieur muss sich auf vielfältige Weise mit dem Wasser auseinandersetzen. Dazu gehören das Planen, Erstellen, Betreiben und Überwachen von Bauwerken und Anlagen, die der Nutzung des Wassers oder der Abwehr von Gefahren durch das Wasser dienen. In allen Fällen sind fundierte Kenntnisse der grundlegenden hydromechanischen Gesetzmäßigkeiten erforderlich, die nur durch ein Studium der Technischen Hydromechanik erworben werden können.

Das Fachgebiet der Technischen Hydromechanik schließt dabei zahlreiche empirische Zusammenhänge ein, die für praktische Anwendungen ausreichend sind, den strengen wissenschaftlichen Kriterien der Strömungsmechanik jedoch nicht genügen.

Die vorliegende Sammlung von Aufgaben aus dem Gebiet der Technischen Hydromechanik wurde für das Selbststudium konzipiert. Sie soll helfen, den Einstieg in die theoretischen Zusammenhänge über deren Anwendung auf konkrete Aufgabenstellungen zu ermöglichen und das Studium des „trockenen" Lehrstoffes

- durch die Selbststeuerung des Lernprozesses,
- durch die Lenkung der Aufmerksamkeit auf Grundgrößen und Dimensionen sowie die bewusste Anwendung der Grundgesetze,
- durch Selbsteinschätzung und Überprüfung des Wissenstandes und
- durch das Schaffen von Erfolgserlebnissen

interessanter und lebendiger zu gestalten.

Die fast unbegrenzte Vielfalt der Strömungserscheinungen in Natur und Technik verbietet eine rezeptartige Behandlung der hydromechanischen Erscheinungen und Vorgänge, etwa durch den Ansatz einer mehr oder weniger geeigneten „Formel". Die Lösungen der ausgewählten Aufgaben gehen deshalb immer von den physikalischen Grundgesetzen aus, die in der Hydromechanik als Kontinuitätsgesetz, *Bernoulli*-Gleichung und Impulssatz zur Anwendung kommen. Der aufmerksame Leser sollte daher immer bewusst nach dem angewandten hydraulischen Modell und den herangezogenen Grundgesetzen fragen.

Mit der Aufgabensammlung wird das Ziel verfolgt, die Grundlagen der Technischen Hydromechanik zu festigen und es dem weiterstrebenden Leser zu ermöglichen, einen Zugang zu Spezialproblemen der Hydromechanik wie hydraulisches Versuchswesen, Gerinne-, Dichte- und Potentialströmung, Hydraulik von Wasserbehandlungsanlagen und Betriebseinrichtungen, Strömung durch poröse Medien und nichtstationäre Flüssigkeitsbewegungen (vgl. *Technische Hydromechanik/2 und Technische Hydromechanik/4*) zu finden.

Die enge Abstimmung mit dem Band 1 ermöglicht es, auf besondere Verzeichnisse, wie Symbol- und Literaturverzeichnis, zu verzichten. Die Hinweise auf *Technische Hydromechanik/1* beziehen sich auf die 2007 erschienene 6. Auflage.

2 Physikalische Eigenschaften des Wassers

Aufgabe 2.1: Zur Temperaturmessung wird eine thermometerähnliche Konstruktion verwendet, die mit Wasser gefüllt ist. Es ist das erforderliche Volumen des Behälters zu berechnen, wobei einer Temperaturänderung von $T_1 = 20\ °C$ auf $T_2 = 80\ °C$ eine Steighöhe von $\Delta h = 0,3$ m entsprechen soll. Die relative Raumausdehnung des Wassers, bezogen auf 4 °C, beträgt für 20 °C $\beta_{20} = 0,001768$ und für 80 °C $\beta_{80} = 0,029$.

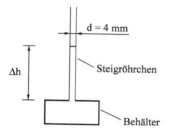

Lösung: Durch die Temperaturerhöhung wird sich das Wasser um das Volumen ΔV im Steigröhrchen ausdehnen. Laut Definition des Raumausdehnungskoeffizienten werden die Volumina bei 20 °C bzw. 80 °C bestimmt durch:

$$V_{20} = V_4 \cdot (1 + \beta_{20}) \qquad V_{80} = V_4 \cdot (1 + \beta_{80})$$

(Der Index bezeichnet die Temperatur in °C.)

Das Behältervolumen V_{20} ergibt sich nun folgendermaßen:

$$V_4 = V_{20} \cdot \frac{1}{1 + \beta_{20}} \qquad V_4 = V_{80} \cdot \frac{1}{1 + \beta_{80}} \quad \Rightarrow \quad \frac{V_{20}}{1 + \beta_{20}} = \frac{V_{20} + \Delta V}{1 + \beta_{80}}$$

$$\text{mit} \quad \Delta V = V_{80} - V_{20} = \frac{\pi}{4} \cdot d^2 \cdot \Delta h = \frac{\pi}{4} \cdot (0,004)^2 \cdot 0,3 = 3,77 \cdot 10^{-6}\ m^3$$

$$V_{20} = \frac{\Delta V \cdot (1 + \beta_{20})}{(1 + \beta_{80}) - (1 + \beta_{20})} = \frac{3,77 \cdot 10^{-6} \cdot (1 + 0,001768)}{(1 + 0,029) - (1 + 0,001768)}$$

$$V_{20} = 1,39 \cdot 10^{-4}\ m^3 = 139\ cm^3$$

Aufgabe 2.2: Die im Schnitt dargestellte Vorrichtung wird zur Eichung von Flüssigkeitsmanometern verwendet. Über eine Gewindespindel wird ein zylindrischer Kolben in die mit einem speziellen Öl gefüllte Druckkammer bewegt. Es wird angenommen, dass sich die Wände der Druckkammer nicht verformen. Das Ausgangsvolumen der Druckkammer beträgt $V_0 = 700$ cm^3. Der Kolben hat einen Durchmesser von $d = 10$ mm. Mit jeder Spindelumdrehung wird ein Vorschub von $s = 1$ mm erreicht. Der Elastizitätsmodul von Flüssigkeiten ist im Allgemeinen vom Druck und der Temperatur abhängig, es soll hier aber mit einem konstanten Wert von $E_{Öl} = 1600$ MPa gerechnet werden.
Wie viel Umdrehungen der Spindel sind erforderlich, um einen Druckanstieg von $\Delta p = 0,8$ MPa zu erzeugen?

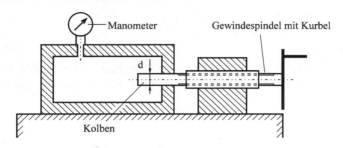

Lösung: Der Elastizitätsmodul E für Fluide (Flüssigkeiten und Gase), in denen sich der Druck allseitig ausbreitet, ist gleich dem Kompressionsmodul und durch folgende Beziehung definiert:

$$\Delta p = -E \cdot \frac{\Delta V}{V}$$

Damit ergibt sich die Volumenänderung des Öls zu:

$$\Delta V = -V \cdot \frac{\Delta p}{E_{Öl}} = -700 \cdot \frac{0,8}{1600} = -0,35 \text{ cm}^3$$

Aus der Geometrie des Kolbens kann nun die zugehörige Anzahl n der Spindelumdrehungen bestimmt werden (V_1 = Volumenänderung bei einer Spindelumdrehung):

$$n = \frac{|\Delta V|}{V_1} = \frac{|\Delta V|}{\frac{\pi}{4} \cdot d^2 \cdot s}$$

$$n = \frac{0,35}{\frac{\pi}{4} \cdot 1^2 \cdot 0,1} = \underline{\underline{4,46}}$$

Aufgabe 2.3: Der Wasserstand in einem Behälter soll durch ein seitlich ange-brachtes Glasröhrchen (sogenanntes Schauglas) angezeigt werden. Wie groß muss der Durchmesser D des Röhrchens mindestens sein, wenn der Anzeige-fehler infolge Kapillarwirkung kleiner als f = 5 mm sein soll? Bei der angegebenen Temperatur von 20 °C beträgt die Oberflächenspannung des Wassers gegenüber Luft σ = 0,073 N/m (vgl. *Technische Hydromechanik/1, S. 29*).

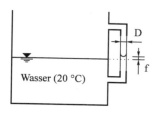

Wasser (20 °C)

Lösung: Da das Wasser die innere Wandung des Glasröhrchens benetzt, bildet sich eine konkave Flüssigkeitsoberfläche aus. Der Anzeigefehler am Schauglas ist gleich der kapillaren Steighöhe.

$$f = h_{kap} = \frac{p_{kap}}{\rho \cdot g}$$

Es wird der ungünstigste Fall angenommen: Die Flüssigkeitsoberfläche im Glasröhrchen bildet eine Halbkugel. Der Kapillardruck ergibt sich damit zu:

$$p_{kap} = \frac{4 \cdot \sigma}{D}$$

Damit erhält man den minimalen Durchmesser zu:

$$D = \frac{4 \cdot \sigma}{p_{kap}} = \frac{4 \cdot \sigma}{\rho \cdot g \cdot h_{kap}}$$

$$D = \frac{4 \cdot 73 \cdot 10^{-3}}{1000 \cdot 9,81 \cdot 0,005} = 0,006 \text{ m} = 6 \text{ mm}$$

3 Hydrostatik

3.1 Druck in ruhenden Flüssigkeiten; Niveauflächen

Aufgabe 3.1.1: In einem Differenzdruckmanometer (U-Rohr-Manometer) ist die Sperrflüssigkeit im Schenkel 1 bis zur Höhe von h_1 = 2 m mit Wasser überschichtet. In dieser Höhe wirken die beiden Drücke p_1 und p_2 auf die beiden Anschlüsse des Manometers. Welcher Druckdifferenz $\Delta p = p_1 - p_2$ entspricht ein Ausschlag der Sperrflüssigkeit von Δh = 754 mm, wenn
a) Quecksilber (ρ_{Hg} = 13600 kg/m³) und **b)** Tetrachlorkohlenstoff (ρ_T = 1594 kg/m³) als Sperrflüssigkeit verwendet werden?
c) Welchem Wasserspiegelunterschied in zwei an den Manometerschenkeln angeschlossenen Behältern entspricht die Druckdifferenz nach a) und b)?

Lösung:

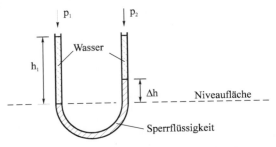

Als Bezugshorizont wird eine Niveaufläche in Höhe der tiefer gelegenen Grenzfläche zwischen Sperrflüssigkeit und Wasser betrachtet (siehe Skizze).

Aus der Bedingung des konstanten Drucks in der Niveaufläche ergibt sich für die beiden Schenkel des Manometers:

$$p_1 + h_1 \cdot \rho_W \cdot g = p_2 + \Delta h \cdot \rho_{Sperr} \cdot g + \left(h_1 - \Delta h\right) \cdot \rho_W \cdot g$$

$$\Delta p = p_1 - p_2 = \Delta h \cdot g \cdot \left(\rho_{Sperr} - \rho_W\right)$$

a) für Quecksilber mit $\rho_{Sperr} = 13600 \ kg/m^3$

$$\Delta p = 0{,}754 \cdot 9{,}81 \cdot (13600 - 1000) = 93199 \ Pa$$
$$\Delta p = 93{,}2 \ kPa$$

b) für Tetrachlorkohlenstoff mit $\rho_{Sperr} = 1594 \ kg/m^3$

$$\Delta p = 0{,}754 \cdot 9{,}81 \cdot (1594 - 1000) = 4394 \ Pa$$
$$\Delta p = 4{,}39 \ kPa$$

Es wird deutlich, dass mit Sperrflüssigkeiten größerer Dichte geringere Ausschläge Δh bei gleichem Druckunterschied erreicht werden, was einen größeren Messbereich bei geringerer Ablesegenauigkeit zur Folge hat.

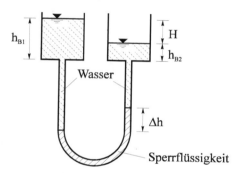

c) Die Drücke p_1 und p_2 an den Manometeranschlüssen ergeben sich zu:

$$p_1 = \rho_W \cdot g \cdot h_{B1} \quad \text{und} \quad p_2 = \rho_W \cdot g \cdot h_{B2}$$

Die Wasserspiegeldifferenz erhält man damit zu:

$$H = h_{B1} - h_{B2} = \frac{p_1}{\rho_W \cdot g} - \frac{p_2}{\rho_W \cdot g} = \frac{\Delta p}{\rho_W \cdot g}$$

$$\text{Fall a) } H = \frac{93199}{1000 \cdot 9{,}81} = 9{,}50 \ m$$

$$\text{Fall b) : } H = \frac{4390}{1000 \cdot 9{,}81} = 0{,}448 \ m$$

Bei der Verwendung von Quecksilber als Sperrflüssigkeit entspricht der Ausschlag der Sperrflüssigkeit $\Delta h = 754$ mm einem Druckunterschied von $H = 9{,}50$ m Wassersäule und bei Verwendung von Tetrachlorkohlenstoff nur $H = 0{,}448$ mWS.

Aufgabe 3.1.2: An einem unter dem Druck p = 117,72 kPa stehenden Wasserbehälter sind 3 Leitungen angeschlossen, die 5 m unter der Wasseroberfläche durch drei Platten mit den Flächen $A_1 = 0,1\ m^2$, $A_2 = 0,5\ m^2$ und $A_3 = 0,05\ m^2$ verschlossen sind.
a) Wie groß sind die Drücke p_B, p_1, p_2 und p_3 am Behälterboden bzw. an den Endquerschnitten? **b)** Welche Kräfte müssen aufgebracht werden, um die Platten 1 bis 3 an den Endquerschnitten zu halten?

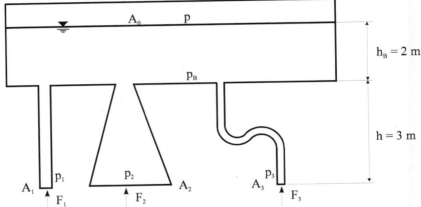

Lösung: a) Der Druck am Behälterboden setzt sich aus dem Wasserdruck und dem auf die Wasseroberfläche wirkenden Druck zusammen.

$$p_B = p + \rho \cdot g \cdot h_B = 117720 + 1000 \cdot 9,81 \cdot 2 = \underline{\underline{137340\,Pa}}$$

Weil der Druck nur von der überstauten Höhe und nicht von der Form des Behälters abhängt (hydrostatisches Paradoxon), gilt

$$p_1 = p_2 = p_3 = p + \rho \cdot g \cdot (h_B + h) = 117720 + 1000 \cdot 9,81 \cdot (2 + 3) = \underline{\underline{166770\,Pa}}$$

b) Wenn angenommen wird, dass der Umgebungsdruck der bei normaler Witterung wirkende Luftdruck von $\rho_0 = 101325\ Pa$ ist (*Technische Hydromechanik/1, S. 36*), ergibt sich:

$$F_1 = (p_1 - p_0) \cdot A_1 = (166770 - 101325) \cdot 0,1 = 6544\ N = \underline{\underline{6,54\,kN}}$$

$$F_2 = (p_2 - p_0) \cdot A_2 = (166770 - 101325) \cdot 0,5 = 32722,5\ N = \underline{\underline{32,7\,kN}}$$

$$F_3 = (p_3 - p_0) \cdot A_3 = (166770 - 101325) \cdot 0,05 = 3272,2\ N = \underline{\underline{3,27\,kN}}$$

Anmerkung: Wenn der Behälter nicht verschlossen wäre und der Druck p = p_0 dem Luftdruck entspräche, könnte ohne Berücksichtigung des Luftdruckes gerechnet werden, weil dieser sich aufheben würde.

Aufgabe 3.1.3: Ein rechteckiger, mit Wasser gefüllter Trog wird mit der Beschleunigung a = 1,0 m/s² horizontal in Bewegung gesetzt. Die Wassertiefe im l = 4,0 m langen Trog beträgt h = 1,0 m. Gesucht sind
a) der Verlauf der Wasseroberfläche während der Beschleunigung,
b) die Höhe Δh, um welche die Flüssigkeit an der Bordwand hochsteigt,
c) die Änderung der Oberfläche, wenn anstelle von Wasser flüssiger Beton mit ρ_B = 2000 kg/m³ befördert wird.

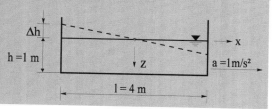

Lösung: a) Die Wasseroberfläche ist eine Niveaufläche, da auf ihr überall der gleiche Druck, nämlich der Luftdruck, herrscht. Die allgemeine Gleichung dieser Niveaufläche lautet:

$$a_x \cdot dx + a_y \cdot dy + a_z \cdot dz = 0$$

Die Beschleunigung in x, y bzw. z-Richtung ist im Richtungssinn der auf die Wasserteilchen wirkenden Kräfte mit positivem Vorzeichen (im x-z-Koordinatensystem) einzusetzen.

$$a_x = -a \qquad a_y = 0 \qquad a_z = g = 9{,}81\,\text{m}/\text{s}^2$$

Die Gleichung der Wasseroberfläche lautet also: $a \cdot dx = g \cdot dz$.
Nach Integration ergibt sich:

$$\int a \cdot dx = \int g \cdot dz \qquad a \cdot x + C_1 = g \cdot z + C_2$$

$$\underline{\underline{a \cdot x = g \cdot z + C}}$$

Für x = 0 ist z = 0. Daraus folgt C = 0 und mithin

$$a \cdot x = g \cdot z \qquad z = \frac{a}{g} \cdot x = \frac{1\,\text{m}/\text{s}^2}{9{,}81\,\text{m}/\text{s}^2} \cdot x \qquad \underline{\underline{z = 0{,}102 \cdot x}}$$

b) Wasserspiegellage am Behälterrand (bei x = -l/2):

$$z = \Delta h = 0{,}102 \cdot \left(-\frac{4\text{m}}{2} \right) = \underline{\underline{-0{,}204\,\text{m}}}$$

Der Wasserspiegel am Behälterrand steigt also um 20,4 cm an.

c) Die Dichte der Flüssigkeit hat keinen Einfluss auf die Lage der Oberfläche.

3.2   Wasserdruckkraft auf ebene und gekrümmte Flächen

Aufgabe 3.2.1: Eine Schütztafel von h = 4 m Höhe, die bis zur Oberkante unter einseitigem Wasserdruck steht, soll mit 4 Riegeln gleicher Abmessungen (und demzufolge gleicher Biegesteifigkeit) ausgesteift werden. Ermitteln Sie die Lage der einzelnen Träger so, dass eine Lastaufteilung in gleiche Teile und somit ein optimaler Materialeinsatz erfolgt!

Lösung: In *Technische Hydromechanik/1 S. 60 ff.* wurde für die Lage des i-ten von k Riegeln unter der Wasseroberfläche die folgende Gleichung abgeleitet:

$$a_i = h \cdot \frac{1}{3 \cdot \sqrt{k}} \cdot \left(\sqrt{i-1} + \sqrt{i} + \frac{2 \cdot i - 1}{\sqrt{i-1} + \sqrt{i}} \right)$$

Mit k = 4 und h = 4 m ergibt sich für die Lage der Riegel 1 bis 4 unter der Wasseroberfläche

$$a_1 = 1{,}33\,\text{m}, \quad a_2 = 2{,}44\ \text{m}, \quad a_3 = 3{,}16\,\text{m} \quad \text{und} \quad a_4 = 3{,}74\,\text{m}.$$

Eine grafische Lösung zur Aufteilung der Belastungsfläche in 4 gleichgroße Teilflächen ist wie nachfolgend gezeigt möglich:

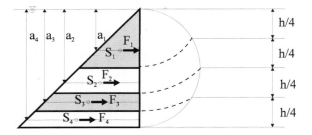

Nachdem die gleichgroßen Flächen grafisch ermittelt worden sind, werden die Koordinaten der einzelnen Flächenschwerpunkte S_i berechnet, woraus sich die Wirkungslinien der gleichgroßen Teilkräfte F_i und somit die Lage der Riegel ergeben.

Aufgabe 3.2.2: Eine ebene Wand wird von beiden Seiten eingestaut. Die Ober- und Unterwassertiefen betragen $h_1 = 5$ m und $h_2 = 2$ m. Bestimmen Sie die resultierende Druckkraft (nach Größe, Lage und Richtung) und die Lage von deren Durchstoßpunkt für einen Meter Wandbreite ($b = 1$ m) und zeichnen Sie die Belastungsflächen, wenn der Wandneigungswinkel **a)** $\alpha = 90°$ und **b)** $\alpha = 135°$ beträgt!

Lösung: a)

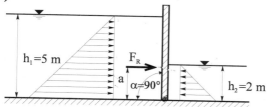

$$F_R = F_{H1} - F_{H2} = \rho \cdot g \cdot \frac{h_1^2}{2} \cdot b - \rho \cdot g \cdot \frac{h_2^2}{2} \cdot b = 1000 \cdot 9,81 \cdot \frac{5^2 - 2^2}{2} \cdot 1 = 103\,\text{kN}$$

$$F_R \cdot a = F_{H1} \cdot \frac{h_1}{3} - F_{H2} \cdot \frac{h_2}{3}$$

(Momentengleichgewicht um den Fußpunkt der Stauwand)

$$a = \frac{1}{3} \cdot \frac{h_1^3 - h_2^3}{h_1^2 - h_2^2} = \frac{1}{3} \cdot \frac{5^3 - 2^3}{5^2 - 2^2} = 1,86\,\text{m}$$

b)

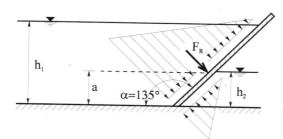

$$F = \rho \cdot g \cdot z_s \cdot A$$

z_s ist der vertikale Abstand zwischen dem Wasserspiegel und dem geometrischen Schwerpunkt der gedrückten Fläche A.

$$F_R = F_1 - F_2 = \rho \cdot g \cdot \frac{h_1}{2} \cdot \frac{h_1}{\sin \alpha} \cdot b - \rho \cdot g \cdot \frac{h_2}{2} \cdot \frac{h_2}{\sin \alpha} \cdot b$$

$$F_R = 1000 \cdot 9,81 \cdot \frac{5^2 - 2^2}{2 \cdot \sin 135°} \cdot 1 = 145,7\,\text{kN}$$

$$F_R \cdot \frac{a}{\sin \alpha} = F_1 \cdot \frac{h_1}{3 \cdot \sin \alpha} - F_2 \cdot \frac{h_2}{3 \cdot \sin \alpha}$$

Der vertikale Abstand $a = 1,86$ m ist unabhängig vom Neigungswinkel α, weil durch Multiplikation mit $\sin \alpha$ die unter a) angegebene Gleichung für a erhalten wird.

Aufgabe 3.2.3: Die Gründung eines Pfeilers in einem Hafenbecken (Dichte des Meerwassers ρ = 1020 kg/m³) wird mit einem Caisson (= Senkkasten) quadratischer Grundfläche durchgeführt. Die Abmessungen für den Caissonkörper ergeben sich aus der Skizze.

a) Um wie viel muss der Innendruck im Arbeitsraum erhöht werden, wenn die Caissonunterkante von einer Eintauchtiefe von H = 20 m auf H = 30 m abgesenkt wird und kein Wasser eindringen darf?

b) Zeichnen Sie die Belastungsflächen für den 30 m tief eingetauchten Caissonkörper und berechnen Sie die Druckkräfte auf die Konstruktion sowie den Auftrieb!

Lösung:

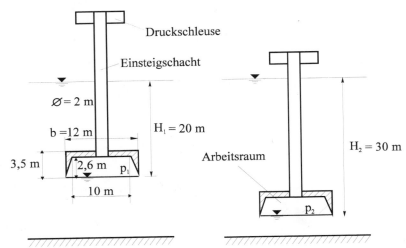

a) Um kein Wasser in den Arbeitsraum eindringen zu lassen, muss der Innendruck mindestens gleich dem Wasserdruck an der Unterkante des Caissons sein. Die notwendige Druckerhöhung berechnet sich wie folgt:

$$\Delta p = p_2 - p_1 = \rho_W \cdot g \cdot H_2 - \rho_W \cdot g \cdot H_1$$
$$\Delta p = \rho_W \cdot g \cdot (H_2 - H_1)$$
$$\Delta p = 1020 \cdot 9,81 \cdot (30 - 20)$$
$$\Delta p = 100062 \, \text{N}/\text{m}^2$$
$$\underline{\underline{\Delta p = 100,062 \, \text{kPa}}}$$

b) Die Berechnung der Druckkräfte auf den Caisson-Körper erfolgt für H_2 = 30 m. Zuerst werden die Druckordinaten p_0 und p_2 bestimmt:

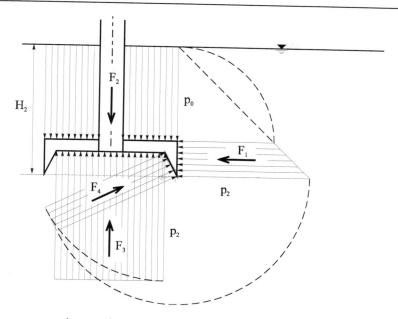

$$p_0 = \rho_W \cdot g \cdot (H_2 - 3,5) = 1020 \cdot 9,81 \cdot (30 - 3,5) = 265164 \, \text{Pa}$$
$$p_2 = \rho_W \cdot g \cdot H_2 = 1020 \cdot 9,81 \cdot 30 = 300186 \, \text{Pa}$$

Die durch den Wasserdruck von außen wirkenden Kräfte ergeben sich damit zu:

$$F_1 = \frac{p_0 + p_2}{2} \cdot 3,5 \cdot 12 = \frac{265164 + 300186}{2} \cdot 3,5 \cdot 12 = 1,1872 \cdot 10^7 = \underline{\underline{11,9 \, \text{MN}}}$$

$$F_2 = p_0 \cdot \left(12^2 - \frac{\pi}{4} \cdot 2^2\right) = 265164 \cdot \left(12^2 - \frac{\pi}{4} \cdot 2^2\right) = 3,7351 \cdot 10^7 \, \text{N} = \underline{\underline{37,4 \, \text{MN}}}$$

Im Arbeitsraum ist der Luftdruck p_2 konstant. Damit erhalten wir die Druckkräfte zu:

$$F_3 = p_2 \cdot 10^2 = 3,00186 \cdot 10^7 \, \text{N} = \underline{\underline{30 \, \text{MN}}}$$

$$F_4 = p_2 \cdot \left(\frac{10 + 12}{2} \cdot \sqrt{2,6^2 + 1^2}\right) = 0,9198 \cdot 10^7 \, \text{N} = \underline{\underline{9,2 \, \text{MN}}}$$

Der Auftrieb ist nach dem Gesetz des *Archimedes* gleich dem Gewicht der verdrängten Flüssigkeit:

$$F_A = \rho \cdot g \cdot V = 1020 \cdot 9,81 \cdot \left(3,5 \cdot 12 \cdot 12 + \frac{\pi \cdot 2^2}{4} \cdot (30 - 3,5)\right) = 5,88 \cdot 10^6 \, \text{N} = \underline{\underline{5,88 \, \text{MN}}}$$

Aufgabe 3.2.4: Ein Walzenwehr (hohle, zylindrische Walze) habe einen Durchmesser von D = 4 m und eine Länge von L = 20 m. Man bestimme die Größe, Lage und Richtung der resultierenden Wasserdruckkraft, wenn die Walze auf dem Wehrboden aufliegt und die Oberwassertiefe h_o = 4 m und die Unterwassertiefe h_u = 2 m beträgt.

Lösung:

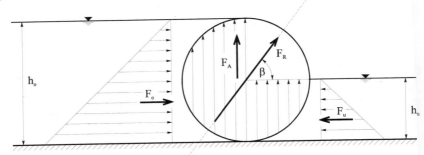

Horizontalkräfte:

$$F_o = \rho \cdot g \cdot b \cdot \frac{h_o^2}{2} = 1000 \cdot 9{,}81 \cdot 20 \cdot \frac{4^2}{2} = 1570\,\text{kN}$$

$$F_u = \rho \cdot g \cdot b \cdot \frac{h_u^2}{2} = 1000 \cdot 9{,}81 \cdot 20 \cdot \frac{2^2}{2} = 392\,\text{kN}$$

$$F_H = F_o - F_u = 1570 - 392 = 1178\,\text{kN}$$

Vertikalkraft:

$$F_A = \rho \cdot g \cdot b \cdot \frac{3}{4} \cdot \frac{\pi}{4} \cdot D^2 = 1000 \cdot 9{,}81 \cdot 20 \cdot \frac{3}{4} \cdot \frac{\pi}{4} \cdot 4^2 = 1849000\,\text{N} = 1{,}85\,\text{MN}$$

resultierende Kraft:

$$F_R = \sqrt{F_H^2 + F_A^2} = \sqrt{1178000^2 + 1849000^2} = 2192000\,\text{N} = \underline{\underline{2{,}192\,\text{MN}}}$$

Da Druckkräfte immer senkrecht auf ihrer Berandung stehen und die Belastungsflächen auf einem Kreismantel als infinitesimal kleine, zum Kreismittelpunkt gerichtete Teilkräfte aufgefasst werden können, muss auch deren Resultierende durch den Mittelpunkt verlaufen (vgl. *Technische Hydromechanik/1, S. 63 ff.*). Die Wirkungslinie der resultierenden Kraft verläuft also durch den Kreismittelpunkt der Walze. Der Winkel β berechnet sich zu:

$$\tan\beta = \frac{F_A}{F_H} \qquad \beta = \arctan\frac{F_A}{F_H} = \arctan\frac{1849\,\text{kN}}{1178\,\text{kN}} = \underline{\underline{57{,}7°}}$$

Aufgabe 3.2.5: Ein 1 m tief gegründetes festes Wehr mit einer 8 m langen (in Fließrichtung) Gründung staut das Wasser $h_1 = 5$ m über der Fluss-Sohle auf. Der Unterwasserstand beträgt $h_2 = 1$ m. Wie groß ist die auf den Wehrkörper pro Breiteneinheit (b = 1 m) infolge Wasser wirkende Kraft, wenn keine Wasserauflast vorhanden ist? Zeichnen Sie die Belastungsflächen!

Lösung:

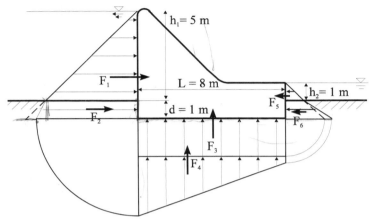

Es wird davon ausgegangen, dass der Druckhöhenunterschied h1 – h2 entlang des unterirdischen Bauwerksumrisses (= Randstromlinie des Sickerströmungsfeldes) d + L + d linear abgebaut wird. Das bedeutet in der Aufgabe, dass z. B. bis zur vorderen unteren Ecke, bis zu der die Randstromlinie die Strecke d = 1 m zurückgelegt hat, 1/10 des Druckhöhenunterschiedes von 4 m, also 0,40 m abgebaut worden sind. Um diesen Betrag muss der vom Oberwasser herrührende hydrostatische Druck an dieser Stelle abgemindert werden.

Die Wasserdruckkräfte der einzelnen Belastungsflächen berechnen sich zu

$$F_1 = \rho \cdot g \cdot b \cdot \frac{h_1^2}{2} = 1000 \cdot 9,81 \cdot 1 \cdot \frac{5^2}{2} = 122625\,\text{N} = 122,6\,\text{kN}$$

$$F_2 = \rho \cdot g \cdot b \cdot d \cdot \left(\frac{h_1 + h_1 + d - d \cdot \left(\frac{h_1 - h_2}{2 \cdot d + L} \right)}{2} \right) =$$

$$F_2 = 1000 \cdot 9,81 \cdot 1 \cdot 1 \cdot \left(\frac{5 + 5 + 1 - 1 \cdot \frac{4}{10}}{2} \right) = 51993\,\text{N} = 52\,\text{kN}$$

$$F_3 = \rho \cdot g \cdot b \cdot (h_2 + d) \cdot L = 1000 \cdot 9,81 \cdot 1 \cdot (1 + 1) \cdot 8 = 156960\,\text{N} = 157\,\text{kN}$$

$$F_4 = \rho \cdot g \cdot b \cdot L \cdot \left(\frac{h_1 + d - h_2 - d - d \cdot \left(\frac{h_1 - h_2}{2d + L} \right) + d \cdot \left(\frac{h_1 - h_2}{2d + L} \right)}{2} \right)$$

$$F_4 = 1000 \cdot 9{,}81 \cdot 1 \cdot 8 \cdot \left(\frac{5 - 1}{2} \right) = 156960 \, N = \underline{\underline{157 \, kN}}$$

$$F_5 = \rho \cdot g \cdot b \cdot \frac{h_2^2}{2} = 1000 \cdot 9{,}81 \cdot 1 \cdot \frac{1^2}{2} = 4905 \, N = \underline{\underline{4{,}9 \, kN}}$$

$$F_6 = \rho \cdot g \cdot b \cdot d \cdot \left(\frac{h_2 + h_2 + d + d \cdot \left(\frac{h_1 - h_2}{2d + L} \right)}{2} \right)$$

$$F_6 = 1000 \cdot 9.81 \cdot 1 \cdot 1 \cdot \left(\frac{1 + 1 + 1 + 1 \cdot \frac{4}{10}}{2} \right) = 16677 N = \underline{\underline{16{,}7 \, kN}}$$

Die berechneten Wasserdruckkräfte werden z. B. für die Ermittlung der Standsicherheit des Wehrkörpers verwendet.

Für das Rechenbeispiel der Aufgabe wurde ein vereinfachter Wehrquerschnitt verwendet. In praxi wird zur Verminderung der Sickerwassermenge und des Sohlwasserdruckes meist eine oberwasserseitige Untergrundabdichtung vorgesehen.

3.3 Konstruktionen mit selbsttätiger hydraulischer Regelung

Aufgabe 3.3.1: In eine Seitenwand eines mit Wasser gefüllten Bassins ist eine rechteckige Klappe eingebaut worden. In welcher Tiefe s (in Abhängigkeit von der Abmessung h) muss die Klappe drehbar gelagert sein, damit sie sich beim Steigen des Wasserspiegels über die angegebene Höhe h hinaus selbsttätig öffnet?

Lösung:

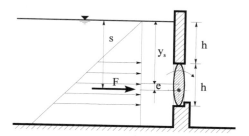

Bei der angegebenen Wasserspiegellage muss die Wirkungslinie der auf die Klappe wirkenden Horizontalkraft in Höhe der Drehachse liegen, das heißt, die Achse muss sich in Höhe des Druckmittelpunktes befinden. Bei einer Erhöhung des Wasserspiegels verschiebt sich der Druckmittelpunkt (Schwerpunkt der Belastungsfläche) nach oben, und die Klappe öffnet sich damit selbsttätig.

$$s = y_s + e \quad \text{mit} \quad e = \frac{I}{y_s \cdot A} \text{ (vgl. } \textit{Technische Hydromechanik/1, S. 52 f.}) \text{ und}$$

y_s = vertikaler Abstand des geometrischen Schwerpunktes vom Wasserspiegel;
e = Außermittigkeit des Druckmittelpunktes;
I = Flächenträgheitsmoment um die horizontale Schwerachse der gedrückten Rechteckfläche der Klappe.

Nach Einsetzen der einzelnen Größen ergibt sich

$$y_s = h + \frac{1}{2} \cdot h = \frac{3}{2} \cdot h \qquad I = \frac{b \cdot h^3}{12} \qquad A = b \cdot h$$

$$s = \frac{3}{2} \cdot h + \frac{2 \cdot b \cdot h^3}{3 \cdot h \cdot 12 \cdot b \cdot h} = \frac{3}{2} \cdot h + \frac{1}{18} \cdot h = \underline{\underline{\frac{14}{9} \cdot h}}$$

Der Flächenschwerpunkt des Trapezes liegt hier also um 4/9·h über der Unterkante der Öffnung.

Aufgabe 3.3.2: Bei einer selbstregulierenden Stauhaltung ist in einer um α = 45° geneigten Wand eine l = 2 m lange Öffnung mit einem kreisförmig gewölbten, drehbar gelagerten Verschluss abgedeckt. Welcher Radius r des (Viertelkreis-) Verschlusses muss gewählt werden, damit dieser sich bei einem Wasserstand von h ≥ 2 m über dem Drehpunkt der gelenkig gelagerten Stauklappe von b = 10 m Breite selbsttätig öffnet? Die Masse des Verschlusses darf vernachlässigt werden. Der Drehpunkt des Verschlusses liegt s = 2 m unterhalb des Stautafelgelenkes.

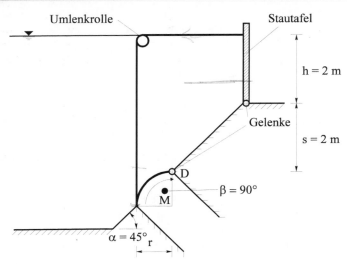

Lösung:

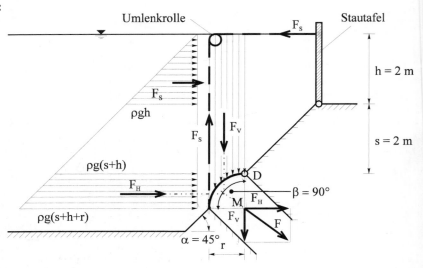

Ausgangspunkt der Lösung ist die Bedingung, dass im Gleichgewichtszustand die Summe der Momente sowohl um das Gelenk der Stautafel als auch um den Drehpunkt D des viertelkreisförmigen Verschlusses gleich null sein muss. Außerdem ist die Seilkraft F_S an der Stautafel und am Verschluss gleich groß. Für das Gelenk an der Stautafel ergibt sich aus dem Momentengleichgewicht:

$$F_S \cdot h = \rho \cdot g \cdot b \cdot \frac{h^2}{2} \cdot \frac{h}{3} \quad \Rightarrow \quad F_S = \rho \cdot g \cdot b \cdot \frac{h^2}{6}$$

Die resultierende Wasserdruckkraft auf die Klappe kann längs ihrer Wirkungslinie bis in den Kreismittelpunkt M des Viertelkreises verschoben werden, dort bewirkt nur ihre Horizontalkomponente F_H ein Moment um den Drehpunkt D der Klappe. Die Horizontalkraft ergibt sich zu:

$$F_H = \rho \cdot g \cdot l \cdot \frac{(s+h)+(s+h+r)}{2} \cdot r = \rho \cdot g \cdot l \cdot \frac{2 \cdot (s+h)+r}{2} \cdot r$$

Aus dem Momentengleichgewicht um den Drehpunkt der Klappe erhält man nun den gesuchten Radius r:

$$F_S \cdot r = F_H \cdot r$$

$$\rho \cdot g \cdot b \cdot \frac{h^2}{6} \cdot r = \rho \cdot g \cdot l \cdot \frac{2 \cdot (s+h)+r}{2} \cdot r \cdot r$$

$$0 = r^2 + r \cdot 2 \cdot (s+h) - \frac{b \cdot h^2}{3 \cdot l}$$

$$0 = r^2 + r \cdot 2 \cdot (2+2) - \frac{10 \cdot 2^2}{3 \cdot 2} = r^2 + r \cdot 8 - 6{,}66$$

$$r_{1;2} = -\frac{8}{2} \pm \sqrt{\left(\frac{8}{2}\right)^2 + 6{,}66}$$

$$r_1 = \underline{0{,}76\text{m}} \quad r_2 = -8{,}76\text{m} \rightarrow \text{entfällt}$$

Aufgabe 3.3.3: Eine kreisrunde Öffnung mit d = 1 m Durchmesser wird durch eine um den Punkt M drehbar gelagerte Klappe verschlossen. Der Drehpunkt M liegt s = 0,2 m über dem oberen Öffnungsrand. Der Abstand des Schließgewichtes G von der Vertikalen durch den Drehpunkt M beträgt L_1 = 0,7 m.
a) Bestimmen Sie das Schließgewicht G so, dass sich die Klappe bei einem Wasserstand von h_1 = 3 m über der Öffnungsmitte selbsttätig öffnet!
b) Um welche Strecke ($L_2 - L_1$) muss das Schließgewicht G nach außen rücken, wenn die Klappe erst beim Wasserstand h_2 = 4 m öffnen soll? Das Eigengewicht der Klappe und des Hebelarmes darf vernachlässigt werden.

Lösung:

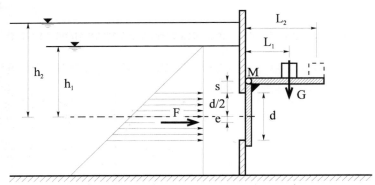

a) Im Gleichgewichtszustand muss die Summe der Momente um den Drehpunkt M der Klappe gleich Null sein.

$$\Sigma M_M = G \cdot L_1 - F \cdot \left(s + \frac{d}{2} + e \right) = 0 \quad \text{mit} \quad F = \rho \cdot g \cdot h_1 \cdot A = \rho \cdot g \cdot h_1 \cdot \frac{\pi}{4} \cdot d^2$$

$$e = \frac{I}{h_1 \cdot A} = \frac{\dfrac{\pi \cdot d^4}{64}}{h_1 \cdot \dfrac{\pi}{4} \cdot d^2} = \frac{d^2}{16 \cdot h_1}$$

(Vgl. Technische Hydromechanik/1, S. 53.)

$$G = \frac{F \cdot \left(s + \dfrac{d}{2} + e \right)}{L_1} = \frac{\rho \cdot g \cdot h_1 \cdot \dfrac{\pi}{4} \cdot d^2 \cdot \left(s + \dfrac{d}{2} + \dfrac{d^2}{16 \cdot h_1} \right)}{L_1}$$

$$G = \frac{1000 \cdot 9{,}81 \cdot 3 \cdot \dfrac{\pi}{4} \cdot 1^2 \cdot \left(0{,}2 + \dfrac{1}{2} + \dfrac{1^2}{16 \cdot 3} \right)}{0{,}7} = \underline{\underline{23{,}8 \text{ kN}}}$$

b) Die erforderliche Verschiebung $(L_2 - L_1)$ bei einer Erhöhung des Wasserspiegels auf h_2 ergibt sich zu:

$$L_2 - L_1 = \frac{F_2 \cdot \left(s + \dfrac{d}{2} + e \right)}{G} - L_1 = \frac{\rho \cdot g \cdot h_2 \cdot \dfrac{\pi}{4} \cdot d^2 \cdot \left(s + \dfrac{d}{2} + \dfrac{d^2}{16 \cdot h_2} \right)}{G} - L_1$$

$$L_2 - L_1 = \frac{1000 \cdot 9{,}81 \cdot 4 \cdot \dfrac{\pi}{4} \cdot 1^2 \cdot \left(0{,}2 + \dfrac{1}{2} + \dfrac{1^2}{16 \cdot 4} \right)}{23800} - 0{,}7 = \underline{\underline{0{,}227 \text{ m}}}$$

3.4　Auftrieb, Schwimmfähigkeit und Schwimmstabilität

Aufgabe 3.4.1: Ein Werkstück aus Messing wiegt in der Luft G = 32,079 N und im Wasser G' = 28,156 N. Die Legierungsbestandteile haben eine Dichte von ρ_{Cu} = 8930 kg/m^3 (Kupfer) und ρ_{Zn} = 7100 kg/m^3 (Zink). Wie groß ist
a) die enthaltene Masse Kupfer bzw. Zink,
b) der Massenanteil des Kupfers,
c) die Dichte des Messings?

Lösung: a) Das Gewicht in Luft beträgt $G = \rho_{Cu} \cdot g \cdot V_{Cu} + \rho_{Zn} \cdot g \cdot V_{Zn}$.
Der Auftrieb ist nach dem Gesetz des Archimedes im Wasser gleich dem Gewicht der verdrängten Flüssigkeit: $F_A = G - G' = \rho_W \cdot g \cdot (V_{Cu} + V_{Zn})$.
Dieses Gleichungssystem mit zwei Gleichungen und zwei Unbekannten (Volumina) kann durch Auflösen und Einsetzen gelöst werden:

$$V_{Cu} = \frac{G - \rho_{Zn} \cdot g \cdot V_{Zn}}{\rho_{Cu} \cdot g} \quad G - G' = \rho_W \cdot g \cdot \left(\frac{G - \rho_{Zn} \cdot g \cdot V_{Zn}}{\rho_{Cu} \cdot g} \right) + \rho_W \cdot g \cdot V_{Zn}$$

$$G - G' - \frac{\rho_W}{\rho_{Cu}} \cdot G = V_{Zn} \cdot \left(\rho_W \cdot g - \frac{\rho_W \cdot \rho_{Zn} \cdot g \cdot}{\rho_{Cu}} \right)$$

$$V_{Zn} = \frac{G - G' - \frac{\rho_W}{\rho_{Cu}} \cdot G}{\rho_W \cdot g - \frac{\rho_W \cdot \rho_{Zn} \cdot g}{\rho_{Cu}}} = \frac{32,079 - 28,156 - \frac{1000}{8930} \cdot 32,079}{1000 \cdot 9,81 \cdot \left(1 - \frac{7100}{8930} \right)} = 1,65 \cdot 10^{-4} \ \text{m}^3$$

$$V_{Cu} = \frac{32,079 - 7100 \cdot 9,81 \cdot 1,65 \cdot 10^{-4}}{8930 \cdot 9,81} = 2,35 \cdot 10^{-4} \ \text{m}^3$$

und mit $G = \rho \cdot g \cdot V$ ergibt sich $G_{Cu} = 20,6 \, \text{N}$ und $G_{Zn} = 11,48 \, \text{N}$ oder 2,1 kg Kupfer und 1,17 kg Zink.

b) Das Masseverhältnis Kupfer zu Zink beträgt 64,2 : 35,8.

c) Die Dichte der Legierung beträgt

$$\rho_{Messing} = \frac{m_{Cu} + m_{Zn}}{(V_{Cu} + V_{Zn})} = \frac{2,1 + 1,17}{(2,35 + 1,65) \cdot 10^{-4}} = 8175 \, \text{kg} / \text{m}^3$$

Aufgabe 3.4.2: Ein rechteckiger Schwimmkasten, der als Fundament eines Brückenpfeilers dienen soll und schwimmend zur Einbaustelle transportiert wird, ist l = 4 m lang, b = 1,80 m breit und d = 1,20 m hoch. Sein Schwerpunkt liegt s = 0,40 m über der äußeren Bodenfläche. Die Masse des Kastens beträgt m = 2,88 t. Überprüfen Sie seine Schwimmstabilität!

Lösung:

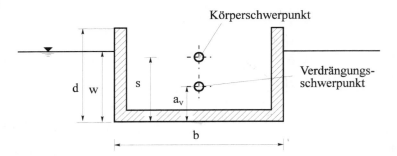

Bedingung für eine stabile Schwimmlage ist eine metazentrische Höhe $h_M > 0$. Die metazentrische Höhe wird unter anderem vom Flächenträgheitsmoment der Schwimmfläche (Schnittfläche des eintauchenden Körpers mit dem Wasserspiegel) bestimmt. Ist eine mögliche Kippachse nicht durch Randbedingungen vorgegeben, so ist jene auszuwählen, um die sich das kleinste Flächenträgheitsmoment ergibt, da dann die metazentrische Höhe ein Minimum wird. Beim Rechteck ergibt sich das kleinste Flächenträgheitsmoment um die Achse parallel zur längeren Seite l (hier als Achse 2 bezeichnet). Außerdem ist selbstverständlich nachzuweisen, dass der Körper überhaupt schwimmt (vgl. *Technische Hydromechanik/1, S. 82 ff.*).

$$h_M = \frac{I_2}{V_V} - h_K \quad \text{mit} \quad I_2 = \frac{l \cdot b^3}{12}$$

I_2 = Flächenträgheitsmoment der Schwimmfläche um Achse 2 (senkrecht zur Skizze)
V_V = Verdrängungsvolumen
h_K = vertikaler Abstand zwischen Verdrängungs- und Massenschwerpunkt des Körpers

$$h_K = s - a_V \qquad a_V = \frac{w}{2} \qquad w = \frac{V_V}{l \cdot b} \qquad V_V = \frac{m_K}{\rho_W}$$

$$w = \frac{m_K}{\rho_W \cdot l \cdot b} = \frac{2880}{1000 \cdot 4 \cdot 1,8} = 0,4 \, \text{m} < d = 1,2 \, \text{m} \quad \Rightarrow \quad \text{Körper schwimmt !}$$

$$h_M = \frac{l \cdot b^3 \cdot \rho_W}{12 \cdot m_K} - \left(s - \frac{w}{2}\right) = \frac{4 \cdot 1,8^3 \cdot 1000}{12 \cdot 2880} - \left(0,4 - \frac{0,4}{2}\right) = \underline{\underline{0,475 \, \text{m} > 0}}$$

Der Schwimmkasten schwimmt stabil.

4 Grundlagen der Hydrodynamik

4.1 Massenerhaltungssatz – Kontinuitätsgesetz

Aufgabe 4.1.1: Bei einer Rohrverzweigung („Hosenrohr") haben die weiterführenden Stränge Kreisdurchmesser von $d_2 = 150\,mm$ und $d_3 = 200\,mm$. Der Durchfluss im Strang 2 beträgt $Q_2 = 26{,}5\,l/s$. Welchen Durchmesser d_1 muss der ankommende Strang erhalten, damit die Geschwindigkeit in allen drei Rohrleitungen gleich groß sein kann?

Lösung:

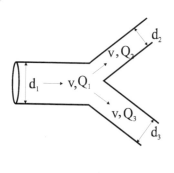

Die Geschwindigkeit im Strang 2 beträgt:

$$v = \frac{Q_2}{A_2} = \frac{4 \cdot Q_2}{\pi \cdot d_2^2} = \frac{4 \cdot 0{,}0265}{\pi \cdot 0{,}15^2} = 1{,}5\,m/s$$

Demzufolge fließen durch Strang 3

$$Q_3 = v \cdot A_3 = \frac{v \cdot \pi \cdot d_3^2}{4} = \frac{1{,}5 \cdot \pi \cdot 0{,}2^2}{4} = 0{,}0471\,\frac{m}{s}$$

und für den Durchmesser von Strang 1

$$d_1 = \sqrt{\frac{4 \cdot (Q_2 + Q_3)}{\pi \cdot v}} = \sqrt{\frac{4 \cdot (0{,}0265 + 0{,}0471)}{\pi \cdot 1{,}5}}$$

$$d_1 = \underline{0{,}25\,m}$$

Aufgabe 4.1.2: Eine horizontal liegende Rohrleitung mit wechselnden Kreisquerschnitten von unterschiedlichem Durchmesser D führt einen Durchfluss von Q = 50 l/s. Ermitteln Sie die Lage der Energie- und Drucklinie (= Piezometerlinie) entlang der Rohrleitung unter der Annahme einer idealen (reibungsfreien) Flüssigkeit. Im Rohrabschnitt 1 mit dem Durchmesser D_1 herrscht ein Druck $p_1 = 15\,kPA$. Die Rohrinnendurchmesser in den Abschnitten 1 bis 3 betragen $D_1 = 20\,cm$, $D_2 = 40\,cm$ und $D_3 = 10\,cm$.

Lösung: Die Lage der Druck- und Energielinie wird durch die geodätische Höhe z, die Druckhöhe $p/(\rho \cdot g)$ und die Geschwindigkeitshöhe $v^2/2g$ bestimmt. Die Fließgeschwindigkeiten in den einzelnen Rohrabschnitten werden mit Hilfe der Kontinuitätsbeziehung ermittelt. Die Druckhöhen können unter der Annahme einer reibungsfreien Flüssigkeit mit der *Bernoulli*-Gleichung (= Energieerhaltungssatz) berechnet werden. Da längs des Fließweges die Verluste an hydraulischer Energie vernachlässigt werden, verläuft die Energielinie horizontal und entspricht somit dem Energiehorizont.

Bernoulli-Gleichung:

$$z_1 + \frac{p_1}{\rho \cdot g} + \frac{v_1^2}{2g} = z_2 + \frac{p_2}{\rho \cdot g} + \frac{v_2^2}{2g} = z_3 + \frac{p_3}{\rho \cdot g} + \frac{v_3^2}{2g} \quad \text{mit} \quad z_1 = z_2 = z_3$$

Kontinuitätsbedingung : $\quad Q = v_1 \cdot A_1 = v_2 \cdot A_2 = v_3 \cdot A_3$

Geschwindigkeitshöhen :

$$v_1 = \frac{Q}{A_1} = \frac{4 \cdot Q}{\pi \cdot D_1^2} = \frac{4 \cdot 0,05}{\pi \cdot 0,2^2} = 1,59 \text{ m/s} \quad \Rightarrow \quad \frac{v_1^2}{2g} = 0,129 \text{ m}$$

$$v_2 = \frac{Q}{A_2} = \frac{4 \cdot Q}{\pi \cdot D_2^2} = \frac{4 \cdot 0,05}{\pi \cdot 0,4^2} = 0,40 \text{ m/s} \quad \Rightarrow \quad \frac{v_2^2}{2g} = 0,008 \text{ m}$$

$$v_3 = \frac{Q}{A_3} = \frac{4 \cdot Q}{\pi \cdot D_3^2} = \frac{4 \cdot 0,05}{\pi \cdot 0,1^2} = 6,37 \text{ m/s} \quad \Rightarrow \quad \frac{v_3^2}{2g} = 2,068 \text{ m}$$

Druckhöhen :

$$\frac{p_1}{\rho \cdot g} = \frac{15000}{1000 \cdot 9,81} = 1,529 \text{ m}$$

$$\frac{p_2}{\rho \cdot g} = \frac{v_1^2}{2g} + \frac{p_1}{\rho \cdot g} - \frac{v_2^2}{2g} = 0,129 + 1,529 - 0,008 = 1,650 \text{ m}$$

$$\frac{p_3}{\rho \cdot g} = \frac{v_1^2}{2g} + \frac{p_1}{\rho \cdot g} - \frac{v_3^2}{2g} = 0,129 + 1,529 - 2,068 = -0,410 \text{ m}$$

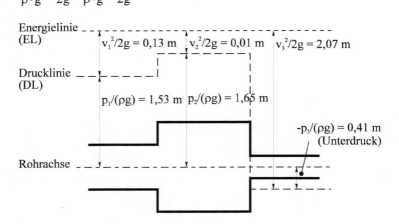

Energielinie (EL)

$v_1^2/2g = 0,13$ m $v_2^2/2g = 0,01$ m $v_3^2/2g = 2,07$ m

Drucklinie (DL)

$p_1/(\rho g) = 1,53$ m $p_2/(\rho g) = 1,65$ m

$-p_3/(\rho g) = 0,41$ m (Unterdruck)

Rohrachse

4.2 Energieerhaltungssatz – *Bernoulli*-Gleichung

Aufgabe 4.2.1: Ein horizontal eingebautes *Venturi*-Rohr, welches zur Durchflussmessung in einer Wasserleitung mit einem Durchmesser von $d_1 = 150$ mm dient, verengt sich im Messquerschnitt auf $d_2 = 140$ mm.
a) Zeichnen Sie die Druck- und Energielinie! Es darf reibungsfreies Fließen angenommen werden.
b) Wie groß ist der Durchfluss Q, wenn am angeschlossenen, mit Tetrachlorkohlenstoff ($\rho_T = 1594$ kg/m³) gefüllten Differenzdruckmanometer ein Messausschlag von $\Delta h = 80$ cm abgelesen wird?

Lösung: a)

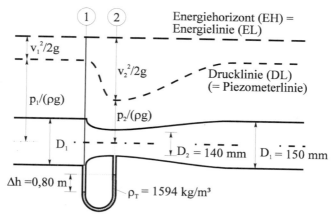

b) Da die Fließstrecke zwischen den betrachteten Schnitten 1 und 2 relativ kurz ist, werden die Reibungsverluste in diesem Bereich vernachlässigt (→ ideale Flüssigkeit). Die Energielinie ist also mit dem Energiehorizont identisch. Unter der Annahme einer reibungsfreien Flüssigkeit lautet die *Bernoulli*-Gleichung für die Schnitte 1 und 2:

$$z_1 + \frac{p_1}{\rho_W \cdot g} + \frac{v_1^2}{2g} = z_2 + \frac{p_2}{\rho_W \cdot g} + \frac{v_2^2}{2g} \quad \text{mit} \quad z_1 = z_2$$

$$\Rightarrow \quad \frac{p_1 - p_2}{\rho_W \cdot g} = \frac{\Delta p}{\rho_W \cdot g} = \frac{v_2^2 - v_1^2}{2g}$$

Die Druckdifferenz wird mit dem U-Rohr-(Differenzdruck-) Manometer bestimmt zu:

$$\Delta p = \Delta h \cdot g \cdot (\rho_T - \rho_W)$$

Aus der Kontinuitätsbeziehung für die Schnitte 1 und 2 erhält man:

$$Q_1 = Q_2 = v_1 \cdot A_1 = v_2 \cdot A_2$$

$$v_1 \cdot \frac{\pi}{4} \cdot D_1^2 = v_2 \cdot \frac{\pi}{4} \cdot D_2^2$$

$$\Rightarrow \quad v_1 = v_2 \cdot \left(\frac{D_2}{D_1}\right)^2$$

Nach Einsetzen in die *Bernoulli*-Gleichung können nun die Fließgeschwindigkeit in einem der beiden Schnitte und damit der Durchfluss berechnet werden:

$$\frac{\Delta p}{\rho_W \cdot g} = \frac{v_2^2 - v_2^2 \cdot \left(\frac{D_2}{D_1}\right)^4}{2g} = \frac{v_2^2 \cdot \left(1 - \left(\frac{D_2}{D_1}\right)^4\right)}{2g}$$

$$v_2 = \sqrt{\frac{2 \cdot \Delta h \cdot g \cdot (\rho_T - \rho_W)}{\rho_W \cdot \left(1 - \left(\frac{D_2}{D_1}\right)^4\right)}} = \sqrt{\frac{2 \cdot 0,8 \cdot 9,81 \cdot (1594 - 1000)}{1000 \cdot \left(1 - \left(\frac{0,14}{0,15}\right)^4\right)}}$$

$$v_2 = 6,218 \ \text{m/s}$$

$$Q = v_2 \cdot \frac{\pi}{4} \cdot D_2^2 = 6,218 \cdot \frac{\pi}{4} \cdot 0,14^2 = 0,0957 \ \text{m}^3/\text{s}$$

$$\underline{\underline{Q = 95,7 \ \text{l/s}}}$$

Aufgabe 4.2.2: In dem abgebildeten Gefäß wird der Wasserspiegel konstant gehalten.
a) Wie groß ist die theoretische Ausflussgeschwindigkeit durch die 1,7 m unter dem Wasserspiegel liegende Öffnung? **b)** Welcher Druck herrscht in den Querschnitten A_1 und A_2 bei reibungsfreiem Fließen? **c)** Aus welcher Tiefe y kann theoretisch durch ein im Querschnitt A_2 angeschlossenes Rohr Wasser angesaugt werden?

Lösung: a) Da der Druck in der Ausflussöffnung dem Umgebungsdruck entspricht, kann bei reibungsfreiem Fließen angenommen werden, dass die gesamte Höhe h in kinetische Energie umgewandelt wird. Durch Umstellen der *Bernoulli*-Gleichung ergibt sich die Gleichung von *Torricelli*

$$h = \frac{v^2}{2g} \Leftrightarrow v = \sqrt{2g \cdot h} = \sqrt{2 \cdot 9,81 \cdot 1,7} = \underline{\underline{5,77 \ \text{m/s}}}$$

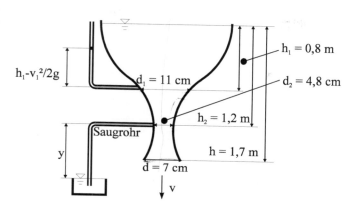

b) Die Fließgeschwindigkeiten v in den Querschnitten 1 und 2 berechnen sich nach dem Kontinuitätsgesetz zu

$$v_1 = \frac{v \cdot d^2}{d_1^2} \quad \text{und} \quad v_2 = \frac{v \cdot d^2}{d_2^2}$$

In den Schnitten 1 und 2 ist außer der Geschwindigkeitshöhe noch ein vom Umgebungsdruck verschiedener statischer Innendruck vorhanden, der wiederum mit Hilfe der *Bernoulli*-Gleichung ermittelt werden kann:

$$\frac{p_1}{\rho \cdot g} = h_1 - \frac{v_1^2}{2 \cdot g} = h_1 - \frac{v^2 \cdot d^4}{2 \cdot g \cdot d_1^4} = 0,8 - \frac{5,77^2 \cdot 7^4}{2 \cdot 9,81 \cdot 11^4} = 0,522\,\text{m}$$

$$\rightarrow p_1 = 5118\,\text{Pa}$$

$$\frac{p_2}{\rho \cdot g} = h_2 - \frac{v_2^2}{2 \cdot g} = h_2 - \frac{v^2 \cdot d^4}{2 \cdot g \cdot d_2^4} = 1,2 - \frac{5,77^2 \cdot 7^4}{2 \cdot 9,81 \cdot 4,8^4} = -6,475\,\text{m}$$

$$\rightarrow p_2 = 63520\,\text{Pa}$$

c) Die Höhe y = 6,47 m ist nur eine theoretische Saughöhe, weil durch die auf reale Flüssigkeiten wirkende Reibung ein Abreißen der zu hebenden Wassersäule zu erwarten ist.

Das in der Aufgabe erkennbare physikalische Prinzip wird z. B. bei der Strahlpumpe benutzt, mit der vielfach schlamm- und sandhaltige Wässer gefördert werden. Das gleiche Prinzip liegt auch dem Parfümzerstäuber zugrunde.

Aufgabe 4.2.3: Aus einem unter dem Druck p_o = 200 kPa stehenden Behälter strömt Wasser in das (auf der folgenden Seite) skizzierte Rohrleitungssystem mit den Rohrdurchmessern D_1= 50 mm, D_2= 90 mm, D_3= 25 mm und D_4= 20 mm. Dabei wird der h_1= 0,6 m über der horizontalen Rohrachse liegende Flüssigkeitsspiegel im Behälter durch einen entsprechenden Zufluss auf konstanter Höhe gehalten (stationäre Strömung). Die Wasseroberfläche im Behälter sei sehr groß im Vergleich zum anschließenden Rohrquerschnitt ($v \rightarrow 0$). Die freie Rohrausmündung (p_4= 101,3 kPa) liegt h_2= 1,4 m unterhalb der horizontalen Rohrachse.
a) Berechnen Sie in den Querschnitten 1 bis 4 den statischen Druck und die über dem Querschnitt gemessene mittlere Geschwindigkeit der Rohrströmung unter Annahme einer idealen (reibungsfreien) Flüssigkeit.
b) Zeichnen Sie Druck- und Energielinie.
c) Bestimmen Sie den kleinstmöglichen Durchmesser D_3 so, dass gerade noch ein kavitationsfreies Fließen möglich ist.

Lösung: a) Mit der *Bernoulli*-Gleichung für die Schnitte 0 und 4 erhält man die Fließgeschwindigkeit im Schnitt 4 und kann damit den Durchfluss sowie die Fließgeschwindigkeiten in den Schnitten 1, 2 und 3 bestimmen:

$$h_1 + h_2 + \frac{p_0}{\rho \cdot g} = \frac{p_4}{\rho \cdot g} + \frac{v_4^2}{2g}$$

$$v_4 = \sqrt{2g \cdot \left(h_1 + h_2 + \frac{p_0 - p_4}{\rho \cdot g}\right)} = \sqrt{2 \cdot 9,81 \cdot \left(0,6 + 1,4 + \frac{200000 - 101300}{1000 \cdot 9,81}\right)}$$

$$\underline{\underline{v_4 = 15,38 \ \text{m/s}}}$$

$$Q = v_4 \cdot \frac{\pi}{4} \cdot D_4^2 = 15,38 \cdot \frac{\pi}{4} \cdot 0,02^2 = \underline{\underline{0,00483 \ \text{m}^3/\text{s}}}$$

$$v_1 = \frac{4 \cdot Q}{\pi \cdot D_1^2} = \frac{4 \cdot 0,00483}{\pi \cdot 0,05^2} = \underline{\underline{2,46 \ \text{m/s}}}$$

$$v_2 = \frac{4 \cdot Q}{\pi \cdot D_2^2} = \frac{4 \cdot 0,00483}{\pi \cdot 0,09^2} = \underline{\underline{0,76 \ \text{m/s}}}$$

$$v_3 = \frac{4 \cdot Q}{\pi \cdot D_3^2} = \frac{4 \cdot 0,00483}{\pi \cdot 0,025^2} = \underline{\underline{9,84 \ \text{m/s}}}$$

Der Druck in den Schnitten 1, 2 und 3 wird nun mittels der *Bernoulli*-Gleichung bestimmt:

$$h_1 + \frac{p_0}{\rho \cdot g} = \frac{p_1}{\rho \cdot g} + \frac{v_1^2}{2g} = \frac{p_2}{\rho \cdot g} + \frac{v_2^2}{2g} = \frac{p_3}{\rho \cdot g} + \frac{v_3^2}{2g}$$

$$p_1 = p_0 + \rho \cdot g \cdot \left(h_1 - \frac{v_1^2}{2g}\right) = 200 + 1000 \cdot 9{,}81 \cdot \left(0{,}6 - \frac{(2{,}46)^2}{2 \cdot 9{,}81}\right) = 202{,}9\,\text{kPa}$$

$$p_2 = p_0 + \rho \cdot g \cdot \left(h_1 - \frac{v_2^2}{2g}\right) = 200 + 1000 \cdot 9{,}81 \cdot \left(0{,}6 - \frac{(0{,}76)^2}{2 \cdot 9{,}81}\right) = 205{,}6\,\text{kPa}$$

$$p_3 = p_0 + \rho \cdot g \cdot \left(h_1 - \frac{v_3^2}{2g}\right) = 200 + 1000 \cdot 9{,}81 \cdot \left(0{,}6 - \frac{(9{,}84)^2}{2 \cdot 9{,}81}\right) = 157{,}5\,\text{kPa}$$

b)

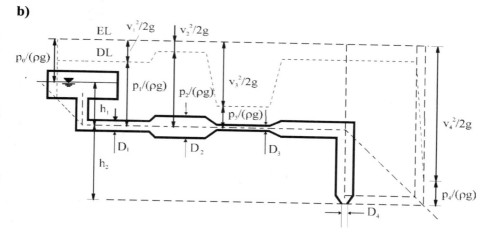

c) Mit Kavitation ist zu rechnen, wenn der Druck in der Flüssigkeit den Dampfdruck unterschreitet. Dieser ist von der Temperatur abhängig. Für praktische Berechnungen wird im Allgemeinen bezüglich der Durchschnittswerte von Geschwindigkeit und Druck mit einer relativ großen Sicherheit gerechnet, d. h., es wird ein minimaler Druck von 30 kPa zugelassen. Damit können die zulässige Geschwindigkeit im Schnitt 3 und der entsprechende Durchmesser ermittelt werden:

$$h_1 + \frac{p_0}{\rho \cdot g} = \frac{p_{min}}{\rho \cdot g} + \frac{v_{3,max}^2}{2g}$$

$$v_{3,max} = \sqrt{2g \cdot \left(h_1 + \frac{p_0 - p_{min}}{\rho \cdot g}\right)} = \sqrt{2 \cdot 9{,}81 \cdot \left(0{,}6 + \frac{200000 - 30000}{1000 \cdot 9{,}81}\right)} = 18{,}76\,\text{m/s}$$

$$D_{3,min} = \sqrt{\frac{4 \cdot Q}{\pi \cdot v_{3,max}}} = \sqrt{\frac{4 \cdot 0{,}00483}{\pi \cdot 18{,}76}} = 0{,}0181\,\text{m} = 18{,}1\,\text{mm}$$

Aufgabe 4.2.4: Die Breite eines offenen Rechteckgerinnes erweitert sich von $b_1 = 2$ m auf $b_2 = 4$ m. Die Querschnittsänderung sei konstruktiv so gestaltet, dass der örtliche hydraulische Verlust vernachlässigt werden kann. Die Wassermenge von $Q = 5$ m³/s fließt im Abschnitt 2 mit der Normalabflusstiefe $h_2 = 1,47$ m ab. Wie groß sind die Fließgeschwindigkeiten, die Energiehöhen und die Wassertiefe h_1? Zeichnen Sie Energie- und Drucklinie ein.

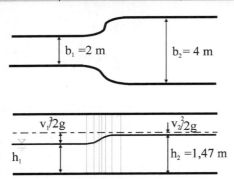

Lösung: Wenn der örtliche Verlust am Übergang vernachlässigt werden kann, gilt der Energieerhaltungssatz (*Bernoulli*-Gleichung) in der Form

$$h_{E1} = h_1 + \frac{v_1^2}{2g} = h_{E2} = h_2 + \frac{v_2^2}{2g} \ .$$

Mit $\quad v_2 = \dfrac{Q}{A_2} = \dfrac{Q}{h_2 \cdot b_2} = \dfrac{5}{1,47 \cdot 4} = 0,85 \ \text{m/s}$

ergibt sich

$$h_{E2} = h_2 + \frac{v_2^2}{2g} = 1,47 + \frac{0,85^2}{2g} = 1,47 + 0,0368 = \underline{\underline{1,507 \ \text{m}}}$$

und für den ersten Gerinneabschnitt mit

$$v_1 = \frac{Q}{A_1} = \frac{Q}{h_1 \cdot b_1} \qquad\qquad h_{E1} = h_{E2} = h_1 + \frac{Q^2}{h_1^2 \cdot b_1^2 \cdot 2g}$$

$$h_{E2} \cdot h_1^2 \cdot b_1^2 \cdot 2g - h_1^3 \cdot b_1^2 \cdot 2g - Q^2 = 0$$

Die Gleichung dritten Grades kann durch Probieren, grafisch oder numerisch (z. B. *Newton*sches Näherungsverfahren) gelöst werden, und es ergibt sich

$$h_1 = 1,33 \ \text{m}$$
$$v_1 = \sqrt{2g \cdot (h_{E1} - h_1)} = \sqrt{2g \cdot (1,51 - 1,33)} = \underline{\underline{1,88 \ \text{m/s}}}$$

4.3 Impulserhaltungssatz – Stützkraftsatz

Aufgabe 4.3.1: Das Mundstück einer Feuerwehrspritze ist als Düse mit e = 500 mm und einer Durchmesserreduktion von D_1 = 75 mm auf D_0 = 20 mm ausgebildet. Der Durchfluss beträgt Q = 7 l/s. **a)** Bestimmen Sie unter Vernachlässigung der Reibung den Druckverlauf (Drucklinie) in der Düse und berechnen Sie die Drücke an den Stützstellen x = 0; x = 50 mm und x = e = 500 mm vor dem Rohrende! **b)** Wie groß ist die Reaktionskraft F_R des austretenden Strahles?

Lösung: a)

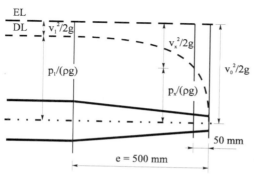

Im Schnitt 0 ist der Druck im Strahl gleich dem Druck der umgebenden Luft, der hier gleich null gesetzt wird. Die auf die Rohrachse bezogene Energiehöhe ist also gleich der Geschwindigkeitshöhe im Schnitt 0. Mit der Bernoulli-Gleichung können die Druckhöhen im Schnitt 1 und an der Stelle x bestimmt werden.

$$\frac{v_0^2}{2g} = \frac{v_1^2}{2g} + \frac{p_1}{\rho \cdot g} = \frac{v_x^2}{2g} + \frac{p_x}{\rho \cdot g}$$

$$v_0 = \frac{4 \cdot Q}{\pi \cdot D_0^2} = \frac{4 \cdot 0,007}{\pi \cdot 0,02^2} = 22,28 \ \text{m/s} \quad v_1 = \frac{4 \cdot Q}{\pi \cdot D_1^2} = \frac{4 \cdot 0,007}{\pi \cdot 0,075^2} = 1,58 \ \text{m/s}$$

$$\frac{D_x - D_0}{0,05} = \frac{D_1 - D_0}{e} \quad \text{(Strahlensatz)}$$

$$\Rightarrow \quad D_x = \frac{D_1 - D_0}{e} \cdot 0,05 + D_0 = \frac{0,075 - 0,02}{0,5} \cdot 0,05 + 0,02 = 0,0255 \ \text{m}$$

$$v_x = \frac{4 \cdot Q}{\pi \cdot D_x^2} = \frac{4 \cdot 0,007}{\pi \cdot 0,0255^2} = 13,71 \ \text{m/s}$$

$$\frac{p_1}{\rho \cdot g} = \frac{v_0^2}{2g} - \frac{v_1^2}{2g} = \frac{22,28^2}{2 \cdot 9,81} - \frac{1,58^2}{2 \cdot 9,81} = 25,2 \ \text{m}$$

$$p_1 = 1000 \cdot 9,81 \cdot 25,2 = 247 \ \text{kPa}$$

$$\frac{p_x}{\rho \cdot g} = \frac{v_0^2}{2g} - \frac{v_x^2}{2g} = \frac{22,28^2}{2 \cdot 9,81} - \frac{13,71^2}{2 \cdot 9,81} = 15,7 \ \text{m}$$

$$p_x = 1000 \cdot 9,81 \cdot 15,7 = 154 \ \text{kPa}$$

b) Die Reaktionskraft des austretenden Strahles ist gleich der Stützkraft im freien Strahl:

$$F_R = \rho \cdot Q \cdot v_0 = 1000 \cdot 0,007 \cdot 22,28 = 156\,N$$

Aufgabe 4.3.2: An ein horizontales Wasserrohr ist ein düsenförmiges Endstück angeflanscht. Die Ausmündung erfolgt ins Freie. Es ist die auf die Flanschverbindung wirkende Kraft zu berechnen, wenn der Durchfluss im Rohr Q = 25 l/s beträgt. Reibungsverluste und Gewichtskräfte dürfen vernachlässigt werden.

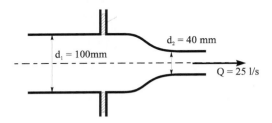

Lösung: Die Flanschverbindung muss die Kraft übertragen, die infolge des fließenden Wassers auf das düsenförmige Endstück wirkt. Es wird ein Kontrollvolumen festgelegt, welches das gesamte Endstück umfasst. Wird der umgebende Luftdruck gleich null gesetzt, so erhält man die gesuchte Kraft aus der Gleichgewichtsbedingung für die horizontale Richtung als Differenz der Stützkräfte S_1 und S_2 in den Fließquerschnitten vor und nach der Verengung:

$$F = S_1 - S_2 = (p_1 \cdot A_1 + \rho \cdot Q \cdot v_1) - (\rho \cdot Q \cdot v_2)$$

Die Fließgeschwindigkeiten ergeben sich mit dem Kontinuitätsgesetz zu:

$$v_1 = \frac{Q}{A_1} = \frac{4 \cdot Q}{\pi \cdot d_1^2} = \frac{4 \cdot 0,025}{\pi \cdot 0,1^2} = 3,18\,m/s \quad v_2 = \frac{Q}{A_2} = \frac{4 \cdot 0,025}{\pi \cdot 0,04^2} = 19,89\,m/s$$

Der Druck p_1 in der Rohrleitung wird mit Hilfe der *Bernoulli*-Gleichung bestimmt, wobei Energieverluste nicht berücksichtigt werden:

$$\frac{p_1}{\rho \cdot g} + \frac{v_1^2}{2g} = \frac{v_2^2}{2g} \quad \Rightarrow \quad p_1 = \rho \cdot \frac{v_2^2 - v_1^2}{2} = 1000 \cdot \frac{19,89^2 - 3,18^2}{2} = 192700\,Pa$$

Die auf den Flansch wirkende Kraft F ergibt sich damit als Zugkraft:

$$F = 192700 \cdot \frac{\pi}{4} \cdot 0,1^2 + 1000 \cdot 0,025 \cdot (3,18 - 19,89) = 1096\,N = 1,1\,kN$$

Aufgabe 4.3.3: Durch einen horizontal liegenden Rohrkrümmer mit dem Rohrinnendurchmesser D = 0,15 m und dem Zentriwinkel von ß = 60° fließen Q = 0,033 m³/s Wasser bei einem Druck von p = 2,5 · 10⁵ Pa. Wie groß ist die Reaktionskraft F_R auf den Krümmer und welche Richtung hat sie, wenn die Reibungsverluste wegen der vergleichsweise kurzen Fließstrecke vernachlässigt werden dürfen?

Lösung:

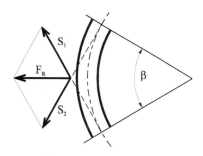

Die Reaktionskraft F_R ergibt sich entsprechend der Skizze zu:

$$F_R = \sqrt{S_1^2 + S_2^2 - 2 \cdot S_1 \cdot S_2 \cdot \cos\beta} \qquad \text{(Kosinussatz)}$$

Da $\beta = 60°$ und $S_1 = S_2$ sind, ergibt sich aus den Verhältnissen am gleichseitigen Dreieck $F_R = S_1 = S_2$. Die Stützkräfte S_1 und S_2 berechnen sich zu:

$$S_1 = S_2 = p \cdot \frac{\pi}{4} \cdot D^2 + \rho \cdot Q \cdot v$$

$$v = \frac{4 \cdot Q}{\pi \cdot D^2} = \frac{4 \cdot 0,033}{\pi \cdot 0,15^2} = 1,867 \, \text{m/s}$$

$$S_1 = S_2 = F_R = 2,5 \cdot 10^5 \cdot \frac{\pi}{4} \cdot 0,15^2 + 1000 \cdot 0,033 \cdot 1,867 = \underline{\underline{4479 \, \text{N}}}$$

Die Wirkungslinie der Reaktionskraft liegt auf der Winkelhalbierenden des Zentriwinkels.

Aufgabe 4.3.4: In einem horizontal liegenden 60°-Rohrkrümmer verjüngt sich in Fließrichtung der Rohrinnendurchmesser von $D_1 = 0,4$ m auf $D_2 = 0,2$ m. Am Krümmerausgang (Schnitt 2-2) herrscht in der Rohrleitung ein Druck von $p_2 = 49$ kPa. Es sind der Betrag und die Richtung (Winkel ß) der Krümmerabtriebskraft F_K bei einem Durchfluss von $Q = 120$ l/s zu bestimmen, wobei die Reibungsverluste wegen der nur sehr kurzen Fließstrecke vernachlässigt werden dürfen.

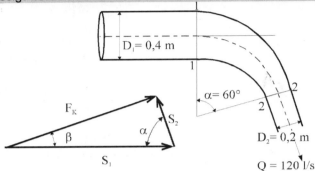

Lösung: Die Krümmerabtriebskraft F_K wird nach dem Kosinussatz aus den beiden Stützkräften in den Schnitten 1 und 2 berechnet (siehe auch Skizze):

$$F_K = \sqrt{S_1^2 + S_2^2 - 2 \cdot S_1 \cdot S_2 \cdot \cos\alpha}$$

$$S_1 = p_1 \cdot \frac{\pi}{4} \cdot D_1^2 + \rho \cdot Q \cdot v_1 \qquad S_2 = p_2 \cdot \frac{\pi}{4} \cdot D_2^2 + \rho \cdot Q \cdot v_2$$

$$v_1 = \frac{4 \cdot Q}{\pi \cdot D_1^2} = \frac{4 \cdot 0,12}{\pi \cdot 0,4^2} = 0,955 \text{ m/s} \quad v_2 = \frac{4 \cdot Q}{\pi \cdot D_2^2} = \frac{4 \cdot 0,12}{\pi \cdot 0,2^2} = 3,820 \text{ m/s}$$

$$\frac{p_1}{\rho \cdot g} + \frac{v_1^2}{2g} = \frac{p_2}{\rho \cdot g} + \frac{v_2^2}{2g}$$

$$p_1 = p_2 + \rho \cdot \left(\frac{v_2^2}{2} - \frac{v_1^2}{2} \right) = 49000 + 1000 \cdot \left(\frac{3,820^2}{2} - \frac{0,955^2}{2} \right) = 55840 \text{ Pa}$$

$$S_1 = 55840 \cdot \frac{\pi}{4} \cdot 0,4^2 + 1000 \cdot 0,12 \cdot 0,955 = 7132 \text{ N}$$

$$S_2 = 49000 \cdot \frac{\pi}{4} \cdot 0,2^2 + 1000 \cdot 0,12 \cdot 3,820 = 1998 \text{ N}$$

$$F_K = \sqrt{7132^2 + 1998^2 - 2 \cdot 7132 \cdot 1998 \cdot \cos 60°} = \underline{\underline{6372 \text{ N}}}$$

Der Winkel ß ergibt sich nach dem Sinussatz zu:

$$\frac{\sin\beta}{S_2} = \frac{\sin\alpha}{F_K} \Leftrightarrow \beta = \arcsin\left(\frac{S_2 \cdot \sin\alpha}{F_K} \right) = \arcsin\left(\frac{1998 \cdot \sin 60°}{6372} \right) = \underline{\underline{15,76°}}$$

Aufgabe 4.3.5: Eine an einer lotrechten Führung reibungsfrei gleitende Scheibe mit der Masse m = 6 kg wird von unten durch einen Wasserstrahl mittig getroffen. Dieser Strahl tritt aus einem Mundstück mit dem Öffnungsdurchmesser D = 50 mm mit der Geschwindigkeit v_0= 6 m/s aus.
In welcher Höhe x über dem Austrittsquerschnitt bleibt die Scheibe schwebend im Gleichgewicht, wenn der Luftwiderstand keine Berücksichtigung findet?

Lösung: Um die Scheibe im Gleichgewicht zu halten, muss die Impulskraft des auftreffenden Wasserstrahles gleich der Gewichtskraft dieser Scheibe sein. Der Druck im freien Strahl ist gleich dem Umgebungsdruck, der allseitig auf das in der Skizze dargestellte Kontrollvolumen wirkt, und wird deshalb nicht in Ansatz gebracht:

$$G = m \cdot g = \rho \cdot Q \cdot v_1 \text{ mit } Q = v_0 \cdot \frac{\pi}{4} \cdot D^2 = 6 \cdot \frac{\pi}{4} \cdot 0,05^2 = 0,0118 \, \text{m}^3/\text{s}$$

Die Geschwindigkeit v_1 in der Höhe x über der Austrittsöffnung der Düse wird mittels der *Bernoulli*-Gleichung bestimmt (die Reibung zwischen Luft und Wasserstrahl wird dabei vernachlässigt):

$$\frac{v_0^2}{2g} = \frac{v_1^2}{2g} + x$$

Damit erhält man die Höhe x zu:

$$x = \frac{v_0^2}{2g} - \frac{v_1^2}{2g} = \frac{v_0^2}{2g} - \frac{m^2 \cdot g}{2 \cdot \rho^2 \cdot Q^2} = \frac{6^2}{2 \cdot 9,81} - \frac{6^2 \cdot 9,81}{2 \cdot 1000^2 \cdot 0,0118^2} = \underline{\underline{0,57 \, \text{m}}}$$

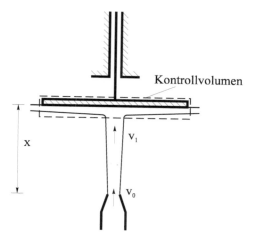

Kontrollvolumen

Aufgabe 4.3.6: Auf die Schaufeln einer *Pelton*-Turbine trifft ein d = 50 mm starker Wasserstrahl mit einer Geschwindigkeit von v = 70 m/s, der mit einem Winkel von β = 10° abgestrahlt (zurückgeworfen) wird. Die Umdrehungsgeschwindigkeit der Schaufeln beträgt v_u = 35 m/s. **a)** Berechnen Sie die Kraft F_S des Strahles auf eine feststehende Schaufel! **b)** Welche Leistung P gibt die Turbine ab, wenn die Reibung unberücksichtigt bleiben kann (η = 1)?

Lösung: a)

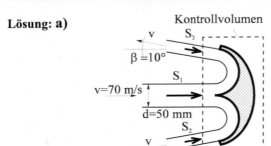

Die Kraft F_S ist gleich der vektoriellen Summe der drei Stützkräfte S_1, S_2 und S_3.

Da der Druck in den Wasserstrahlen gleich dem Umgebungsdruck ist, entfällt der statische Anteil im Stützkraftansatz:

$$\vec{F}_S = \vec{S}_1 + \vec{S}_2 + \vec{S}_3 \quad \to \quad F_S = S_1 + S_2 \cdot \cos\beta + S_3 \cdot \cos\beta = S_1 + 2 \cdot S_2 \cdot \cos\beta$$

$$S_1 = \rho \cdot Q \cdot v_1 \qquad S_2 = S_3 = \rho \cdot \frac{Q}{2} \cdot v_2$$

Da der Druck im auftreffenden und in den abgehenden Strahlen gleich ist, folgt unter der Annahme reibungsfreien Fließens aus der *Bernoulli*-Gleichung:

$$v_1 = v_2 = v_3 = v \quad \text{und mithin} \quad Q = v \cdot \frac{\pi}{4} \cdot d^2 = 70 \cdot \frac{\pi}{4} \cdot 0{,}05^2 = 0{,}1374 \ \text{m}^3/\text{s}$$

Die Kraftwirkung auf eine feststehende Schaufel ergibt sich damit zu:

$$F_S = \rho \cdot Q \cdot v + 2 \cdot \rho \cdot \frac{Q}{2} \cdot v \cdot \cos\beta = \rho \cdot Q \cdot v \cdot (1 + \cos\beta)$$

$$F_S = 1000 \cdot 0{,}1374 \cdot 70 \cdot (1 + \cos 10°) = 19100 \ \text{N} = \underline{\underline{19{,}1 \ \text{kN}}}$$

b) Bei bewegter Schaufel treten die gleichen Verhältnisse wie unter a) auf, die Strahlgeschwindigkeit v ist jetzt aber die Relativgeschwindigkeit v' zwischen Wasser und Schaufel. Die Leistung an einer Schaufel ist das Produkt aus wirkender Kraft und Geschwindigkeit der Schaufel.

$$P = \frac{\text{Arbeit}}{\text{Zeit}} = \frac{W}{t} = \frac{F_S' \cdot s}{t} = F_S' \cdot v_u = \rho \cdot Q \cdot v' \cdot (1 + \cos\beta) \cdot v_u \qquad v' = v - v_u$$

$$P = 1000 \cdot 0{,}1374 \cdot (70 - 35) \cdot (1 + \cos 10°) \cdot 35 = 9550 \cdot 35 = 334000 \ \text{W} = \underline{\underline{334 \ \text{kW}}}$$

Aufgabe 4.3.7:

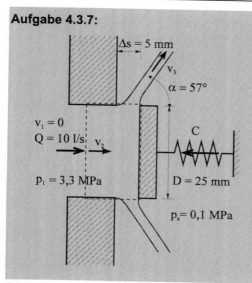

An einem Druckbehälter, der mit einer Flüssigkeit der Dichte ρ = 920 kg/m³ gefüllt ist, muss die Druckfeder für das Sicherheitsventil ersetzt werden. Die Ventilöffnung mit einem Durchmesser D = 25 mm soll bei einem Innendruck von p = 2,5 MPa und einem Außendruck von p_a = 0,1 MPa freigegeben werden. Bestimmen Sie die Federkonstante C so, dass sich das Ventil bei einem Innendruck von p_i = 3,3 MPa um s = 5 mm öffnet und dabei Q_1 = 10 l/s ausströmen. Der Abstrahlungswinkel beträgt α = 57°.

Lösung: Es wird der Stützkraftsatz für die Horizontalkräfte an dem in der Skizze dargestellten Kontrollvolumen aufgestellt. Dabei werden einige idealisierende Annahmen getroffen: Die Reibung wird vernachlässigt. In den Querschnitten, die mit dem Index 2 und 3 bezeichnet sind, werden jeweils gleichmäßige Geschwindigkeits- und Druckverteilungen angenommen.

Die Federkonstante ergibt sich nach dem *Hooke*'schen Gesetz zu:

$$\Delta F = C \cdot \Delta s \quad \rightarrow \quad C = \frac{\Delta F}{\Delta s} \quad \text{mit} \quad \Delta F = F_2 - F_1$$

F_1: Federkraft bei geschlossenem Ventil
F_2: Federkraft bei geöffnetem Ventil (bei Δs = 5 mm)

Bei gerade noch geschlossenem Ventil herrscht im Behälter der Druck p_0 = 2,5 MPa, die Federkraft F_1 ergibt sich damit zu:

$$F_1 = \left(p - p_a\right) \cdot \frac{\pi}{4} \cdot D^2 = \left(2500000 - 100000\right) \cdot \frac{\pi}{4} \cdot 0{,}025^2 = 1178{,}1 \text{ N}$$

Bei dem um Δs = 5 mm geöffneten Ventil herrscht im Behälter der Druck p_1 = 3,3 MPa. Aus dem Kräftegleichgewicht in horizontaler Richtung erhält man:

$$F_2 = S_2 - S_3 \cdot \cos\alpha - p_a \cdot \frac{\pi}{4} \cdot D^2$$

$$S_2 = p_2 \cdot \frac{\pi}{4} \cdot D^2 + \rho \cdot Q \cdot v_2$$

$$S_3 = \rho \cdot Q \cdot v_3 \quad \text{(ohne } p_a \text{, weil sich der Druck } p_a \text{ am Umfang aufhebt)}$$

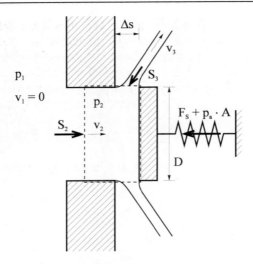

Die noch unbekannten Größen werden mit Hilfe der *Bernoulli*-Gleichung bestimmt:

$$v_1 = 0$$

$$v_2 = \frac{4 \cdot Q}{\pi \cdot D^2} = \frac{4 \cdot 0,01}{\pi \cdot 0,025^2} = 20,372 \ \text{m/s}$$

$$\frac{p_1}{\rho \cdot g} = \frac{p_2}{\rho \cdot g} + \frac{v_2^2}{2g}$$

$$p_2 = p_1 - \frac{v_2^2 \cdot \rho}{2} = 3,3 \cdot 10^6 - \frac{20,372^2 \cdot 920}{2} = 3,11 \cdot 10^6 \ \text{Pa}$$

$$\frac{p_1}{\rho \cdot g} = \frac{p_a}{\rho \cdot g} + \frac{v_3^2}{2g}$$

$$v_3 = \sqrt{\frac{2 \cdot (p_1 - p_a)}{\rho}} = \sqrt{\frac{2 \cdot (3,3 \cdot 10^6 - 0,1 \cdot 10^6)}{920}} = 83,41 \ \text{m/s}$$

Damit können die einzelnen Kräfte und die Federkonstante bestimmt werden:

$$S_2 = 3,11 \cdot 10^6 \cdot \frac{\pi}{4} \cdot 0,025^2 + 920 \cdot 0,01 \cdot 20,372 = 1713,6 \ \text{N}$$

$$S_3 = 920 \cdot 0,01 \cdot 83,41 = 767,3 \ \text{N}$$

$$F_2 = 1713,6 - 767,3 \cdot \cos 57° - 0,1 \cdot 10^6 \cdot \frac{\pi}{4} \cdot 0,025^2 = 1246,6 \ \text{N}$$

$$\Delta F = 1246,6 - 1178,1 = 68,5 \ \text{N}$$

$$C = \frac{68,5}{0,005} = 13700 \ \text{N/m} = \underline{\underline{13,7 \ \text{kN/m}}}$$

Aufgabe 4.3.8: Bei einer talwärts führenden Triebwasserrohrleitung für ein Pumpspeicherwerk werden die Kräfte von Festpunkten aufgenommen. Der Abstand der Festpunkte beträgt L = 40 m. Durch das Stahlrohr (ρ_{Stahl} = 7800 kg/m³) mit einem Innendurchmesser D = 2 m und einer Wandstärke s = 35 mm fließen Q = 10 m³/s Wasser. Am Festpunkt vergrößert sich die Neigung der Rohrleitung von β_1 = 25° auf β_2 = 35°. Welche Kraft wirkt auf den Festpunkt, wenn die Druckhöhe an der Knickstelle h_D = 200 m beträgt und die Stopfbuchsen- und Reibungskräfte vernachlässigt werden können?

Lösung: Zur Berechnung wird angenommen, dass die Rohrleitung wie in der Skizze dargestellt konstruiert ist.

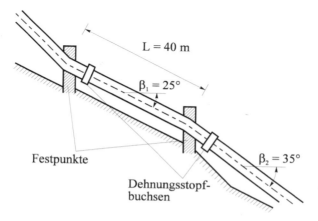

An den Dehnungsstopfbuchsen, die zur Aufnahme von Temperaturdehnungen erforderlich sind, werden keine Kräfte längs zur Rohrachse übertragen (Stopfbuchsendehnkraft wird vernachlässigt). Ebenso wird die Reibung des Wassers längs der Rohrwandung nicht berücksichtigt. Der Belastungsfall Druckstoß ist in der Druckhöhe bereits berücksichtigt.

Zur Ermittlung der wirkenden Kräfte wird das in der Skizze auf der nachfolgenden Seite dargestellte Kontrollvolumen betrachtet. Der Druckunterschied infolge des geodätischen Höhenunterschiedes der Schnittflächen ist gegenüber der Druckhöhe h_D vernachlässigbar klein.
Die Stützkräfte S_1 und S_2 ergeben sich damit zu:

$$S_1 = S_2 = p \cdot A + \rho \cdot Q \cdot v$$

$$p = \rho \cdot g \cdot h_D = 1000 \cdot 9{,}81 \cdot 200 = 1962000 \text{ Pa} = 1{,}962 \text{ MPa}$$

$$A = \frac{\pi}{4} \cdot D^2 = \frac{\pi}{4} \cdot 2^2 = 3{,}142 \text{ m}^2 \qquad v = \frac{4 \cdot Q}{\pi \cdot D^2} = \frac{4 \cdot 10}{\pi \cdot 2^2} = 3{,}183 \text{ m/s}$$

$$S_1 = S_2 = S = 1962000 \cdot 3{,}142 + 1000 \cdot 10 \cdot 3{,}183 = 619600 \text{ N} = 6{,}196 \text{ MN}$$

auf den Festpunkt wirkende Kräfte

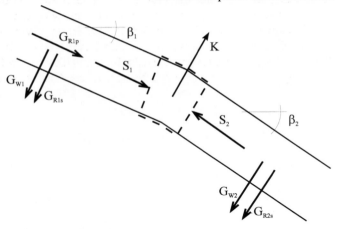

Es kann nun die Krümmerabtriebskraft K bestimmt werden:

$$K = \sqrt{S_1^2 + S_2^2 - 2 \cdot S_1 \cdot S_2 \cdot \cos\alpha}\ \text{mit}\ \alpha = \beta_2 - \beta_1 = 35° - 25° = 10°$$

$$K = \sqrt{2 \cdot S^2 \cdot (1 - \cos\alpha)} = \sqrt{2 \cdot 6196000^2 \cdot (1 - \cos 10°)} = 1080000\ N = 1,08\ MN$$

Weiterhin wirken die Gewichtskräfte des Wassers und der Rohrleitung auf den Festpunkt.

Bezüglich des Wassers gilt dabei: Da die Reibungskräfte zwischen Wasser und Rohrwand vernachlässigt werden sollen, wird nur die senkrecht zur Rohrachse wirkende Gewichtskomponente berücksichtigt. (Die in Richtung der Rohrachse wirkenden Komponenten des Wassergewichtes werden bereits mit dem Wasserdruck in den Stützkräften berücksichtigt.)
Dem betrachteten Festpunkt wird jeweils die halbe Rohrlänge zum ober- bzw. unterhalb gelegenen Festpunkt zugeordnet:

$$G_{W1} = \rho \cdot g \cdot \frac{V_{W1}}{2} \cdot \cos\beta_1 = \rho \cdot g \cdot \frac{\pi}{4} \cdot D^2 \cdot \frac{L}{2} \cdot \cos\beta_1$$

$$G_{W1} = 1000 \cdot 9{,}81 \cdot \frac{\pi}{4} \cdot 2^2 \cdot \frac{40}{2} \cdot \cos 25° = 559000\ N$$

$$G_{W2} = \rho \cdot g \cdot \frac{V_{W2}}{2} \cdot \cos\beta_2 = \rho \cdot g \cdot \frac{\pi}{4} \cdot D^2 \cdot \frac{L}{2} \cdot \cos\beta_2$$

$$G_{W2} = 1000 \cdot 9{,}81 \cdot \frac{\pi}{4} \cdot 2^2 \cdot \frac{40}{2} \cdot \cos 35° = 505000\ N$$

Durch die Anordnung der Dehnungsstopfbuchsen ergibt sich bezüglich des Rohrgewichtes: Die Zuordnung der senkrecht zur Rohrachse wirkenden Gewichtskomponenten zum Festpunkt erfolgt analog dem Gewicht des Wassers (siehe oben). Der rohrachsenparallele Gewichtsanteil des oberhalb liegenden Rohres wird vollständig vom Festpunkt aufgenommen, der des unterhalb liegenden Rohres wirkt nicht auf den Festpunkt, da die Dehnungsstopfbuchsen keine Kräfte parallel zur Rohrachse übertragen können.

$$G_{R1s} = \rho_S \cdot g \cdot \frac{V_{R1}}{2} \cdot \cos\beta_1 = \rho_S \cdot g \cdot \frac{\pi}{4} \cdot \left((D + 2\cdot s)^2 - D^2\right) \cdot \frac{L}{2} \cdot \cos\beta_1$$

$$G_{R1s} = 7800 \cdot 9{,}81 \cdot \frac{\pi}{4} \cdot \left((2 + 2\cdot 0{,}035)^2 - 2^2\right) \cdot \frac{40}{2} \cdot \cos 25° = 310000\,N = 0{,}310\,MN$$

$$G_{R2s} = \rho_S \cdot g \cdot \frac{V_{R2}}{2} \cdot \cos\beta_2 = \rho_S \cdot g \cdot \frac{\pi}{4} \cdot \left((D + 2\cdot s)^2 - D^2\right) \cdot \frac{L}{2} \cdot \cos\beta_2$$

$$G_{R2s} = 7800 \cdot 9{,}81 \cdot \frac{\pi}{4} \cdot \left((2 + 2\cdot 0{,}035)^2 - 2^2\right) \cdot \frac{40}{2} \cdot \cos 35° = 281000\,N = 0{,}281\,MN$$

$$G_{R1p} = \rho_S \cdot g \cdot V_{R1} \cdot \sin\beta_1 = \rho_S \cdot g \cdot \frac{\pi}{4} \cdot \left((D + 2\cdot s)^2 - D^2\right) \cdot L \cdot \sin\beta_1$$

$$G_{R1p} = 7800 \cdot 9{,}81 \cdot \frac{\pi}{4} \cdot \left((2 + 2\cdot 0{,}035)^2 - 2^2\right) \cdot 40 \cdot \sin 25° = 289000\,N = 0{,}289\,MN$$

Die vektorielle Addition der Krümmerabtriebskraft und der fünf ermittelten Gewichtskräfte ergibt die resultierende Kraft auf den Festpunkt:

$$F_V = -K \cdot \cos\left(\frac{\beta_1 + \beta_2}{2}\right) + (G_{W1} + G_{R1s}) \cdot \cos\beta_1 + (G_{W2} + G_{R2s}) \cdot \cos\beta_2 + G_{R1p} \cdot \sin\beta_1$$

$$F_V = -1080000 \cdot \cos\left(\frac{25° + 35°}{2}\right) + (559000 + 310000) \cdot \cos 25°$$
$$+ (505000 + 281000) \cdot \cos 35° + 289000 \cdot \sin 25° = 618000\,N$$

$$F_H = -K \cdot \sin\left(\frac{\beta_1 + \beta_2}{2}\right) + (G_{W1} + G_{R1s}) \cdot \sin\beta_1 + (G_{W2} + G_{R2s}) \cdot \sin\beta_2 - G_{R1p} \cdot \cos\beta_1$$

$$F_H = -1080000 \cdot \sin\left(\frac{25° + 35°}{2}\right) + (559000 + 310000) \cdot \sin 25°$$
$$+ (505000 + 281000) \cdot \sin 35° - 289000 \cdot \cos 25° = 16000\,N = 16\,kN$$

$$F = \sqrt{F_V^2 + F_H^2} = \sqrt{(618000)^2 + (16000)^2} = \underline{\underline{618000\,N}}$$

$$\tan\alpha = \frac{F_H}{F_V} \rightarrow \alpha = \arctan\frac{F_H}{F_V} = \arctan\frac{16000}{618000} = \underline{\underline{1{,}48°}}$$

Die grafische Superposition der am Festpunkt wirkenden Kräfte ergibt den folgenden Kräfteplan („Krafteck"):

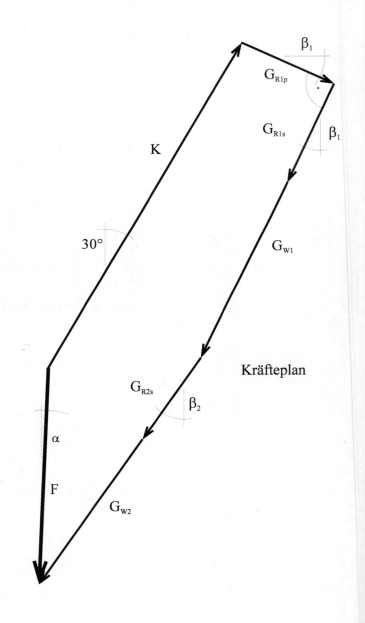

Kräfteplan

5 Stationäre Strömung in Druckrohrleitungen

5.1 Druckrohrströmung idealer und realer Flüssigkeiten

Aufgabe 5.1.1: Aus einem großen Reservoir wird das Wasser über eine gerade Rohrleitung mit freier Ausmündung einem Bewässerungsgraben zugeführt. Die Leitung besteht aus Polyethylenrohren.
Bestimmen Sie den Durchfluss in der Leitung erstens für den Fall, dass die Reibungsverluste vernachlässigt werden, und zweitens für den Fall, dass die Rohrreibung berücksichtigt wird. Der Einlauf der Leitung ist gut ausgerundet, ein Einlaufverlust soll nicht berücksichtigt werden.

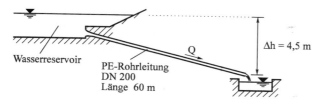

Wasserreservoir   PE-Rohrleitung
DN 200
Länge 60 m

$\Delta h = 4,5$ m

Lösung, Fall 1: In der Aufgabe handelt es sich um eine sogenannte Gefälleleitung. Wird die Rohrreibung nicht berücksichtigt (Betrachtung des Wassers als ideale Flüssigkeit), so wird die gesamte zur Verfügung stehende potentielle Energie (geodätische Höhendifferenz zwischen dem oberen freien Wasserspiegel und der freien Ausmündung) in kinetische Energie (Geschwindigkeitshöhe) umgewandelt, womit sich der Durchfluss folgendermaßen berechnen lässt:

$$\Delta h = \frac{v^2}{2g} \quad \Rightarrow \quad v = \sqrt{2g \cdot \Delta h}$$

$$Q = v \cdot A = \sqrt{2g \cdot \Delta h} \cdot \frac{\pi}{4} \cdot d^2 = \sqrt{2 \cdot 9,81 \cdot 4,5} \cdot \frac{\pi}{4} \cdot 0,2^2 = 0,295 \, \text{m}^3/\text{s}$$

Fall 2: Durch die bei einer realen Flüssigkeit auftretende Rohrreibung wird ein Teil der mechanischen Energie in Wärme umgewandelt, was als „Energieverlust" (Verlusthöhe h_V) bezeichnet wird.

$$\Delta h = \frac{v^2}{2g} + h_V \quad \text{mit} \quad h_V = \lambda \cdot \frac{L}{d} \cdot \frac{v^2}{2g}$$

$$\Rightarrow \quad v = \sqrt{2g \cdot \frac{\Delta h}{1 + \lambda \cdot \frac{L}{d}}}$$

Der Rohrreibungsbeiwert λ hängt unter anderem von der – i. Allg. anfänglich nicht bekannten – Strömungsart ab. In den meisten Fällen jedoch liegt turbulente Strömung vor. Ebenso ist vorerst nicht bekannt, ob es sich um hydraulisch raues oder glattes Verhalten handelt. Es wird also ein Wert für λ geschätzt (z. B. $\lambda = 0{,}02$) und dann iterativ mit der Berechnungsformel für den hydraulischen Übergangsbereich (nach *Colebrook* und *White*) verbessert. Damit ergibt sich als erste Näherung für die Fließgeschwindigkeit:

$$v = \sqrt{2 \cdot 9{,}81 \cdot \frac{4{,}5}{1 + 0{,}02 \cdot \frac{60}{0{,}2}}} = 3{,}55 \text{ m/s}$$

Die absolute hydraulische Rauheit k für Polyethylenrohre wird einer Tabelle entnommen (vgl. *Technische Hydromechanik/1, S. 184, Tafel 5.2*): $k = 0{,}03$ mm. Man erhält eine erste Verbesserung für λ:

$$\frac{1}{\sqrt{\lambda}} = -2 \cdot \lg\left(\frac{2{,}51}{Re \cdot \sqrt{\lambda}} + \frac{(k/d)}{3{,}71}\right) \quad \text{mit} \quad Re = \frac{v \cdot d}{v}$$

Bei einer angenommenen Wassertemperatur von $T = 10$ °C beträgt die kinematische Zähigkeit $v = 1{,}31 \cdot 10^{-6}$ m$^2 \cdot$ s^{-1} (vgl. *Technische Hydromechanik/1, S. 23, Tafel 2.1*). Die Gleichung für λ ist explizit nicht lösbar. Eine Iteration kann aber bei einer Handrechnung umgangen werden, indem das Nomogramm nach *Mock* (vgl. *Technische Hydromechanik/1, S. 187, Bild 5.17*) benutzt wird. Die erreichbare Ablesegenauigkeit ist im Allgemeinen völlig ausreichend.

$$Re = \frac{3{,}55 \cdot 0{,}2}{1{,}31 \cdot 10^{-6}} = 5{,}42 \cdot 10^5 \quad \text{und} \quad \frac{k}{d} = \frac{0{,}03}{200} = 1{,}5 \cdot 10^{-4}$$

$$\Rightarrow \quad \lambda = 0{,}0148$$

Die *Reynolds*-Zahl liegt deutlich über dem kritischen Wert von 2320, es handelt sich also um turbulente Strömung. In der nachfolgenden Tabelle ist die gesamte Iteration zur Berechnung von v und λ aufgeführt.

lfd. Nr.	λ	v	Re
–	–	(m/s)	–
0	0,02	3,55	$5{,}42 \cdot 10^5$
1	0,0148	4,03	$6{,}15 \cdot 10^5$
2	0,0147	4,04	$6{,}17 \cdot 10^5$
3	0,0147		

Die Iteration konvergiert sehr schnell. Die Genauigkeit der Bestimmung des Reibungs-beiwertes hängt sehr von dem k-Wert des Rohrmaterials ab, der in vielen praktischen Anwendungsfällen nur mit einer mehr oder weniger großen Zuverlässigkeit geschätzt werden kann. Bei der Berechnung des Durchflusses ergibt sich nun ein wesentlich kleine-rer Wert als im Fall ohne Berücksichtigung der Reibungsverluste, wodurch gezeigt wird, dass diese selbst bei dem relativ glatten Rohrmaterial im Anwendungsfall nicht vernach-lässigt werden können.

$$Q = 4{,}04 \cdot \frac{\pi}{4} \cdot 0{,}2^2 = 0{,}127 \text{ m}^3/\text{s}$$

Aufgabe 5.1.2: Eine Stahlrohrleitung mit einem Durchmesser von D = 200 mm wird von Wasser (Temperatur T = 15 °C) bei einem Durchfluss von Q = 0,32 l/s durchströmt. Es ist die Energieverlusthöhe pro laufenden Meter Rohrlänge zu bestimmen.

Lösung: Der Energieverlust ist abhängig von der Fließart. Es wird deshalb zuerst die *Reynolds*-Zahl berechnet:

$$Re = \frac{v \cdot D}{\nu} = \frac{4 \cdot Q \cdot D}{\pi \cdot D^2 \cdot \nu} = \frac{4 \cdot 0{,}00032}{\pi \cdot 0{,}2 \cdot 1{,}15 \cdot 10^{-6}} = 1771 < 2320 = Re_{krit}$$

Es liegt also laminare Rohrströmung vor. Der Energieverlust ergibt sich damit folgendermaßen (vgl. *Technische Hydromechanik/1, S. 162*):

$$\lambda_{lam.} = \frac{64}{Re} = \frac{64}{1771} = 0{,}0361$$

$$h_v = \lambda \cdot \frac{L}{D} \cdot \frac{v^2}{2g} = \lambda \cdot \frac{L}{D} \cdot \frac{8 \cdot Q^2}{\pi^2 \cdot D^4 \cdot g} = 0{,}0361 \cdot \frac{1}{0{,}2} \cdot \frac{8 \cdot 0{,}00032^2}{\pi^2 \cdot 0{,}2^4 \cdot 9{,}81}$$

$$h_v = 9{,}55 \cdot 10^{-7} \text{ m}$$

Aufgabe 5.1.3: Für ein neues Rohrmaterial soll im Versuch die absolute hydraulische Rauheit k bestimmt werden. Der Rohrdurchmesser beträgt D = 150 mm. Im Abstand von L = 10 m werden an dem horizontal verlegten Rohr zwei Druckmessstutzen angebracht. Bei einem Durchfluss von Q = 45 l/s (Wasser, Temperatur T = 10 °C) wird an dem angeschlossenen Differential-U-Rohr-Manometer ein Ausschlag von Δh = 900 mm gemessen. Die Sperrflüssigkeit ist Tetrachlorkohlenstoff mit einer Dichte von ρ_T = 1594 kg/m³. Welche absolute hydraulische Rauheit k hat das Rohrmaterial?

Lösung: Der Energieverlust längs der Messstrecke entspricht der Differenz der Piezometerhöhe zwischen den beiden Druckstutzen. Die dementsprechende Druckdifferenz wird mit dem Differential-U-Rohr-Manometer gemessen zu:

$$\Delta p = (\rho_T - \rho_W) \cdot g \cdot \Delta h = (1594 - 1000) \cdot 9{,}81 \cdot 0{,}9 = 5{,}244 \text{ kPa}$$

Bezogen auf die Dichte von Wasser entspricht das einer Energiehöhendifferenz von:

$$\Delta h_E = \frac{\Delta p}{\rho_W \cdot g} = \frac{5{,}244}{1000 \cdot 9{,}81} = 0{,}53 \text{ m}$$

Damit können nun der Rohrreibungsbeiwert λ und die hydraulische Rauheit k berechnet werden:

$$\Delta h_E = \lambda \cdot \frac{L}{D} \cdot \frac{v^2}{2g} \quad \Rightarrow \quad \lambda = \frac{\Delta h_E \cdot D \cdot 2g}{L \cdot v^2} = \frac{\Delta h_E \cdot \pi^2 \cdot D^5 \cdot 2g}{16 \cdot L \cdot Q^2}$$

$$\lambda = \frac{0{,}53 \cdot \pi^2 \cdot 0{,}15^5 \cdot 2 \cdot 9{,}81}{16 \cdot 10 \cdot 0{,}045^2} = 0{,}0241$$

$$\frac{1}{\sqrt{\lambda}} = -2 \cdot \lg\left(\frac{2{,}51}{Re \cdot \sqrt{\lambda}} + \frac{k/D}{3{,}71}\right)$$

$$\Rightarrow k = \left(10^{-\frac{1}{2 \cdot \sqrt{\lambda}}} - \frac{2{,}51}{Re \cdot \sqrt{\lambda}}\right) \cdot 3{,}71 \cdot D$$

$$Re = \frac{v \cdot D}{v} = \frac{4 \cdot Q}{\pi \cdot D \cdot v} = \frac{4 \cdot 0{,}045}{\pi \cdot 0{,}15 \cdot 1{,}31 \cdot 10^{-6}} = 291582$$

$$k = \left(10^{-\frac{1}{2 \cdot \sqrt{0{,}0241}}} - \frac{2{,}51}{291582 \cdot \sqrt{0{,}0241}}\right) \cdot 3{,}71 \cdot 0{,}15 = \underline{\underline{0{,}000304 \text{ m} = 0{,}3 \text{ mm}}}$$

Es könnte sich bei dem untersuchten Material um neue Schleuderbetonrohre handeln.

Aufgabe 5.1.4: Durch die Druckrohrleitung einer Bewässerungspumpstation werden $Q = 9000$ m³/h Wasser gefördert. Die Leitungslänge beträgt $L = 80$ m, der Durchmesser $D = 1$ m. Die Wassertemperatur ist $T = 20$ °C. Es wurden geschweißte, bituminierte Stahlrohre verwendet.

a) Es ist die Energieverlusthöhe h_v in der Druckrohrleitung für die neuverlegten Rohre zu ermitteln.

b) Wie ändert sich die Energieverlusthöhe nach langjährigem Gebrauch?

c) Am Auslauf der Druckrohrleitung soll der Kreisquerschnitt auf ein Rechteck gleicher Fläche mit einem Seitenverhältnis Breite zu Höhe ist gleich 4 : 1 umgeformt werden. Wie ändert sich der Rohrreibungsbeiwert λ infolge des Überganges zum Rechteck im Vergleich zu Aufgabenteil a)?

Lösung:

a) Die <u>Energieverlusthöhe</u> <u>(Rohrreibungsverlust)</u> berechnet sich zu:

$$h_v = \lambda \cdot \frac{L}{D} \cdot \frac{v^2}{2g} \quad \text{mit} \quad v = \frac{Q}{A} = \frac{4 \cdot Q}{\pi \cdot D^2} \quad \text{und} \quad \frac{1}{\sqrt{\lambda}} = -2 \cdot \lg\left(\frac{2{,}51}{Re \cdot \sqrt{\lambda}} + \frac{k/D}{3{,}71}\right)$$

$$Q = 9000 \ \text{m}^3/\text{h} = 2{,}5 \ \text{m}^3/\text{s} \quad \Rightarrow \quad v = \frac{4 \cdot 2{,}5}{\pi \cdot 1^2} = 3{,}183 \ \text{m}/\text{s}$$

Der Wert für die absolute hydraulische Rauheit k wird einer Tabelle entnommen (vgl. *Technische Hydromechanik/1, S. 184 f.*). Für neue geschweißte und bituminierte Stahlrohre erhält man $k = 0{,}05$ mm. Der Rauheitsbeiwert λ wird mit Hilfe des Nomogramms nach *Mock* (vgl. *Technische Hydromechanik/1, S. 187*) bestimmt. *Reynolds*-Zahl, Rauheitsbeiwert und Energieverlusthöhe ergeben sich zu:

$$Re = \frac{v \cdot D}{\nu} = \frac{3{,}183 \cdot 1}{1{,}01 \cdot 10^{-6}} = 3{,}15 \cdot 10^6$$

$$k/D = 0{,}05/1000 = 5 \cdot 10^{-5}$$

aus Nomogramm $\quad \Rightarrow \quad \lambda = 0{,}0114$

$$h_v = 0{,}0114 \cdot \frac{80}{1} \cdot \frac{3{,}183^2}{2 \cdot 9{,}81} = \underline{\underline{0{,}47 \ \text{m}}}$$

b) Nach längerem Gebrauch erhöht sich die absolute hydraulische Rauheit, z. B. durch Rost oder Inkrustationen. Für Rohwasser wird der Tabelle ein Wert von k = 2...6 mm entnommen. Damit erhält man:

$$k/D = 2 \,(...6)/1000 = 2 \cdot 10^{-3} \,(...6 \cdot 10^{-3})$$

$$\lambda = 0,0235 \,(...0,0321)$$

$$h_v = 0,0235 \,(...0,0321) \cdot \frac{80}{1} \cdot \frac{3,183^2}{2 \cdot 9,81} = 0,97 \text{ m } (...1,33 \text{ m})$$

Es ist also mit einer Verdopplung bis Verdreifachung der hydraulischen Verluste zu rechnen.

c) Bei vollfließendem Rechteckquerschnitt beträgt der hydraulisch äquivalente Durchmesser:

$$D_{hy} = 4 \cdot r_{hy} = \frac{4 \cdot A}{l_u} = \frac{4 \cdot b \cdot h}{2 \cdot (b + h)}$$

Aus dem Seitenverhältnis 4 : 1 und der Flächengleichheit von Kreis und Rechteck folgt:

$$h \cdot (4 \cdot h) = \frac{\pi}{4} \cdot D^2 \quad \Rightarrow \quad h = \sqrt{\frac{\pi \cdot D^2}{16}} = \sqrt{\frac{\pi \cdot 1^2}{16}} = 0,443 \text{ m}$$

$$b = 4 \cdot h = 4 \cdot 0,443 = 1,772 \text{ m} \quad \Rightarrow \quad D_{hy} = \frac{4 \cdot 1,772 \cdot 0,443}{2 \cdot (1,772 + 0,443)} = 0,709 \text{ m}$$

Aufgrund der gleichen Fließfläche im Vergleich zum Kreisrohr ändert sich die mittlere Fließgeschwindigkeit nicht. *Reynolds*-Zahl und neuer Rauheitsbeiwert ergeben sich damit zu:

$$Re = \frac{v \cdot D_{hy}}{v} = \frac{3,183 \cdot 0,709}{1,01 \cdot 10^{-6}} = 2,23 \cdot 10^6$$

$$k/D_{hy} = 0,05/709 = 7,05 \cdot 10^{-5}$$

aus Nomogramm $\quad \Rightarrow \quad \underline{\underline{\lambda = 0,0122}}$

Aufgabe 5.1.5: Zwei Behälter A und B mit konstanten Wasserspiegelhöhen sind durch eine Heberleitung verbunden. Welche maximale Entfernung L_1 darf der Heberscheitel S vom Behälter A haben, ohne dass die Strömung abreißt?

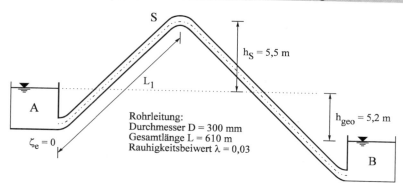

Lösung: Der Druck im Heberscheitel kann theoretisch bis auf den Dampfdruck (abhängig von der Temperatur) absinken, bevor es zum Abreißen der Strömung durch Verdampfen des Wassers kommt. Für praktische Anwendungen ist aber i. Allg. ein absoluter Mindestdruck von $p_{min} = 20...30$ kPa vorzusehen. Mit einem Atmosphärendruck von $p_0 = 101$ kPa ergibt sich damit die zulässige Absenkung der Druckhöhe zu:

$$h_{pS,zul} = \frac{p_0 - p_{min}}{\rho \cdot g} = \frac{(101 - 30) \cdot 10^3}{1000 \cdot 9,81} \approx 7,2 \text{ m}$$

Es wird im Weiteren $h_{pS,\ zul} = 7$ m gewählt.

Aus der Darstellung von Energie- und Drucklinie ist zu ersehen, wie sich die vorhandene Druckhöhe bezüglich der Atmosphärendruckhöhe als Abstand zwischen Drucklinie und Rohrachse ergibt.

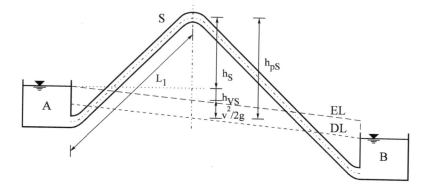

$$h_{pS,vorh} = h_S + h_{VS} + \frac{v^2}{2g}$$

h_{VS} ist dabei die Energieverlusthöhe vom Behälter A bis zum Scheitel S. Die vorhandene Druckabsenkung im Heberscheitel ist somit von der Länge L_1 und dem Durchfluss Q abhängig:

$$h_{VS} = \lambda \cdot \frac{L_1}{D} \cdot \frac{v^2}{2g}$$

Aus der *Bernoulli*-Gleichung für die Behälter A und B erhält man (ohne Berücksichtigung örtlicher Verluste):

$$h_{geo} = h_E = \left(\lambda \cdot \frac{L}{D} + 1\right) \cdot \frac{v^2}{2g}$$

$$v = \sqrt{\frac{2g \cdot h_{geo}}{\lambda \cdot L/D + 1}} = \sqrt{\frac{2 \cdot 9,81 \cdot 5,2}{0,03 \cdot 610/0,3 + 1}} = 1,28 \text{ m/s}$$

Unter der Bedingung $h_{pS,\,zul} = h_{pS,\,vorh}$ erhält man nun:

$$\lambda \cdot \frac{L_1}{D} \cdot \frac{v^2}{2g} = h_{pS,zul} - h_S - \frac{v^2}{2g}$$

$$L_1 = \frac{D}{\lambda} \cdot \left[\frac{2g \cdot (h_{pS,zul} - h_S)}{v^2} - 1\right] = \frac{0,3}{0,03} \cdot \left[\frac{2 \cdot 9,81 \cdot (7,0 - 5,5)}{1,28^2} - 1\right] = 170 \text{ m}$$

Ist die Rohrleitungslänge $L_1 = 170$ m, so wird im Heberscheitel gerade die zulässige Unterdruckhöhe von 7 m erreicht.

Würde dagegen ein theoretischer Dampfdruck $p_D = 2,34$ kPa (entspricht einer Temperatur von 20 °C) als minimaler Druck zugelassen werden, so ergäbe sich die Länge L_1 zu:

$$L_1 = \frac{0,3}{0,03} \cdot \left[\frac{2 \cdot 9,81 \cdot \left(\frac{(101 - 2,34) \cdot 10^3}{1000 \cdot 9,81} - 5,5\right)}{1,28^2} - 1\right] = 536 \text{ m}$$

5.2 Örtliche hydraulische Verluste in Druckrohrleitungen

Aufgabe 5.2.1: Wie groß ist der Durchfluss in der abgebildeten Rohrleitung, wenn der Wasserspiegel im Behälter konstant $\Delta h = 50$ m über der Rohrachse am Leitungsende liegt? Die Wassertemperatur beträgt T = 10 °C, und die absolute hydraulische Rauheit ist k = 0,4 mm.

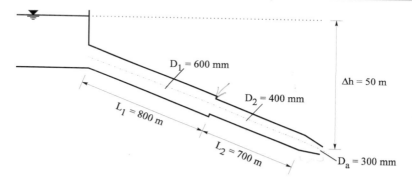

Lösung: Aus der *Bernoulli*-Gleichung für Oberwasserspiegel und Austrittsquerschnitt ergibt sich (Strahlinnendruck im Austrittsquerschnitt wird vernachlässigt):

$$\Delta h = \frac{v_a^2}{2g} + h_V \quad \Rightarrow \quad h_V = \lambda_1 \cdot \frac{L_1}{D_1} \cdot \frac{v_1^2}{2g} + \lambda_2 \cdot \frac{L_2}{D_2} \cdot \frac{v_2^2}{2g} + \varsigma_e \cdot \frac{v_1^2}{2g} + \varsigma_v \cdot \frac{v_2^2}{2g}$$

Für den scharfkantigen Einlauf beträgt der Verlustbeiwert $\varsigma_e = 0,5$ (vgl. *Technische Hydromechanik/1, S. 192 ff.*). Der Verlustbeiwert für die plötzliche Rohrverengung wird unter Zuhilfenahme des Diagramms von *Idelcik* (vgl. *Technische Hydromechanik/1, S. 195 f.*) berechnet:

$$\varsigma_v = \left(\frac{1}{\psi} - 1\right)^2 \text{mit} \psi = f(A_2/A_1)$$

$$A_2/A_1 = D_2^2/D_1^2 = 0,4^2/0,6^2 = 0,444$$

Diagramm nach Idelcik $\Rightarrow \quad \psi = 0,635 \quad \rightarrow \quad \varsigma_v = \left(\frac{1}{0,635} - 1\right)^2 = 0,33$

Die an der düsenförmigen Verengung am Rohrleitungsende auftretenden geringen örtlichen Verluste werden vernachlässigt. Mit Hilfe des Kontinuitätsgesetzes können alle Geschwindigkeiten auf die Austrittsgeschwindigkeit v_a bezogen werden.

$$\frac{v_1}{v_a} = \frac{D_a^2}{D_1^2} \quad \rightarrow \quad v_1 = v_a \cdot \frac{D_a^2}{D_1^2} \quad \text{und} \quad \frac{v_2}{v_a} = \frac{D_a^2}{D_2^2} \quad \rightarrow \quad v_2 = v_a \cdot \frac{D_a^2}{D_2^2}$$

$$\Delta h = \frac{v_a^2}{2g} \cdot \left(\lambda_1 \cdot \frac{L_1}{D_1} \cdot \frac{D_a^4}{D_1^4} + \lambda_2 \cdot \frac{L_2}{D_2} \cdot \frac{D_a^4}{D_2^4} + \varsigma_e \cdot \frac{D_a^4}{D_1^4} + \varsigma_v \cdot \frac{D_a^4}{D_2^4} + 1 \right)$$

$$v_a = \sqrt{\frac{2g \cdot \Delta h}{\frac{D_a^4}{D_1^4} \cdot \left(\lambda_1 \cdot \frac{L_1}{D_1} + \varsigma_e \right) + \frac{D_a^4}{D_2^4} \cdot \left(\lambda_2 \cdot \frac{L_2}{D_2} + \varsigma_v \right) + 1}}$$

Die Rohrreibungsbeiwerte werden vorerst mit der näherungsweisen Annahme Re $\rightarrow \infty$ und unter Zuhilfenahme des Nomogramms nach *Mock* bestimmt.

$$k/D_1 = 0,4/600 = 0,667 \cdot 10^{-3} \quad \Rightarrow \quad \lambda_1 = 0,0178$$
$$k/D_2 = 0,4/400 = 1 \cdot 10^{-3} \quad \Rightarrow \quad \lambda_2 = 0,0196$$

Die Austrittsgeschwindigkeit ergibt sich nun zu:

$$v_a = \sqrt{\frac{2 \cdot 9,81 \cdot 50}{\frac{0,3^4}{0,6^4} \cdot \left(0,0178 \cdot \frac{800}{0,6} + 0,5 \right) + \frac{0,3^4}{0,4^4} \cdot \left(0,0196 \cdot \frac{700}{0,4} + 0,3 \right) + 1}} = 8,53 \text{ m/s}$$

Die λ-Werte werden nun entsprechend den vorhandenen *Reynolds*-Zahlen korrigiert:

$$v_1 = 8,53 \cdot \frac{0,3^2}{0,6^2} = 2,13 \text{ m/s} \qquad Re_1 = \frac{2,13 \cdot 0,6}{1,31 \cdot 10^{-6}} = 9,8 \cdot 10^5 \qquad \lambda_1 = 0,0182$$

$$v_2 = 8,53 \cdot \frac{0,3^2}{0,4^2} = 4,80 \text{ m/s} \qquad Re_2 = \frac{4,80 \cdot 0,4}{1,31 \cdot 10^{-6}} = 14,7 \cdot 10^5 \qquad \lambda_2 = 0,0198$$

$$v_a = \sqrt{\frac{2 \cdot 9,81 \cdot 50}{\frac{0,3^4}{0,6^4} \cdot \left(0,0182 \cdot \frac{800}{0,6} + 0,5 \right) + \frac{0,3^4}{0,4^4} \cdot \left(0,0198 \cdot \frac{700}{0,4} + 0,3 \right) + 1}} = 8,49 \text{ m/s}$$

Eine weitere Korrektur ist nicht erforderlich.

$$Q = v_a \cdot \frac{\pi}{4} D_a^2 = 8,49 \cdot \frac{\pi}{4} \cdot 0,3^2 = \underline{\underline{0,6 \text{ m}^3/\text{s}}}$$

Aufgabe 5.2.2: Aus einem Hochbehälter wird Wasser (Temperatur T = 10 °C) über eine Rohrleitung in ein tiefer gelegenes Becken geleitet. Am Ende der Rohrleitung befindet sich ein Flachschieber DN 1000. Welches Öffnungsverhältnis muss am Schieber eingestellt werden, damit der Durchfluss Q = 5 m³/s beträgt?

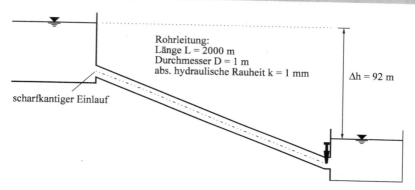

Rohrleitung:
Länge L = 2000 m
Durchmesser D = 1 m
abs. hydraulische Rauheit k = 1 mm

Δh = 92 m

scharfkantiger Einlauf

Lösung: Das Öffnungsverhältnis des Flachschiebers lässt sich näherungsweise unter Zuhilfenahme einer entsprechenden Tabelle (vgl. *Technische Hydromechanik/1, S. 214 ff., Tafel 5.7*) aus dem Austrittsbeiwert μ´ ermitteln, wenn der Durchfluss Q und der Auslaufverlust h_a bekannt sind (vgl. *Technische Hydromechanik/1, S. 211*).

$$Q = \mu' \cdot A \cdot \sqrt{2g \cdot h_a}$$

Der Flachschieber mündet direkt in das untere Becken aus. Der Auslaufverlust ergibt sich damit zu:

$$h_a = \frac{v_a^2}{2g} \quad \text{und damit} \quad v_a = \sqrt{2g \cdot h_a}$$

Die Geschwindigkeit v_a entspricht dabei der Geschwindigkeit v_S im eingeschnürten Querschnitt des Auslaufstrahles.

Detail Schieber
(schematisch)

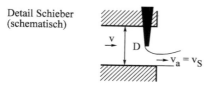

Die *Bernoulli*-Gleichung für das obere und das untere Becken lautet:

$$\Delta h = \Sigma h_v + h_a$$

$$\Rightarrow \quad h_a = \Delta h - \Sigma h_v \quad \text{mit} \quad \Sigma h_v = h_{v,e} + h_{v,R} = \left(\varsigma_e + \lambda \cdot \frac{1}{D} \right) \cdot \frac{v^2}{2g}$$

$$v = \frac{4 \cdot Q}{\pi \cdot D^2} = \frac{4 \cdot 5}{\pi \cdot 1^2} = 6{,}366 \; \text{m/s}$$

$$Re = \frac{v \cdot D}{v} = \frac{6{,}366 \cdot 1}{1{,}31 \cdot 10^{-6}} = 4{,}86 \cdot 10^6 \qquad k/D = 1/1000 = 10^{-3}$$

$$\Rightarrow \quad \lambda = 0{,}0197$$

$$\varsigma_e = 0{,}5 \qquad \text{(scharfkantiger Einlauf)}$$

Die Summe der hydraulischen Verluste bis zum Schieber beträgt damit:

$$\Sigma h_v = \left(0{,}5 + 0{,}0197 \cdot \frac{2000}{1} \right) \cdot \frac{6{,}366^2}{2 \cdot 9{,}81} = 82{,}42 \; \text{m}$$

Der Auslaufverlust und die Austrittsgeschwindigkeit ergeben sich zu:

$$h_a = 92 - 82{,}42 = 9{,}58 \; \text{m}$$

$$v_a = \sqrt{2 \cdot 9{,}81 \cdot 9{,}58} = 13{,}71 \; \text{m/s}$$

Der Austrittsbeiwert ergibt sich nun zu:

$$\mu' = \frac{Q}{A \cdot \sqrt{2g \cdot h_a}} = \frac{Q}{A \cdot v_a}$$

A ist der Querschnitt des voll geöffneten Schiebers.

$$\mu' = \frac{4 \cdot 5}{\pi \cdot 1^2 \cdot 13{,}71} = 0{,}464$$

Der Zusammenhang zwischen Austrittsbeiwert und Öffnungsverhältnis ist abhängig von der Bauart des Schiebers. In diesem Fall erhält man z. B. aus *Technische Hydromechanik/1, S. 214 ff., Tafel 5.7*:

$$\text{für} \quad \mu' = 0{,}464$$

$$\Rightarrow \quad s/D \approx \underline{\underline{0{,}5}}$$

Aufgabe 5.2.3: Die Hochwasserentlastung eines Staubeckens besteht aus mehreren Hebern der unten dargestellten Form. Der Fließquerschnitt ist rechteckig und hat jeweils eine Breite von b = 3 m und eine Höhe von a = 1 m. An der Ausmündung verringert sich die Höhe auf a_e = 0,7 m. Die absolute Rauheit beträgt k = 1,5 mm, die Wassertemperatur T = 10 °C. Es ist der Durchfluss des vollaufenden Hebers zu berechnen.

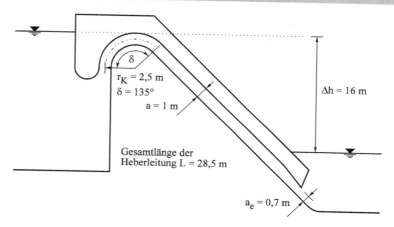

Lösung: Die Berechnung der Fließgeschwindigkeit im Heber erfolgt mit Hilfe der *Bernoulli*-Gleichung. Dabei werden sowohl die Reibungsverluste als auch die örtlichen Verluste am Einlauf und im Krümmer berücksichtigt. Die geringfügige Erhöhung der Energieverluste infolge der höheren Fließgeschwindigkeit im Ausmündungsbereich wird vernachlässigt.

$$\Delta h = \frac{v_e^2}{2g} + \frac{v^2}{2g} \cdot \left(\lambda \cdot \frac{L}{D} + \varsigma_e + \varsigma_K \right)$$

Die Fließgeschwindigkeiten v und v_e können über das Kontinuitätsgesetz ineinander umgerechnet werden.

$$Q = v_e \cdot a_e \cdot b = v \cdot a \cdot b$$

$$v_e = \frac{v \cdot a}{a_e}$$

$$\Delta h = \frac{v^2}{2g} \cdot \frac{a^2}{a_e^2} + \frac{v^2}{2g} \cdot \left(\lambda \cdot \frac{L}{D} + \varsigma_e + \varsigma_K \right)$$

$$v = \sqrt{\frac{2g \cdot \Delta h}{\lambda \cdot \dfrac{L}{D} + \varsigma_e + \varsigma_K + \dfrac{a^2}{a_e^2}}}$$

Für den Durchmesser D ist der hydraulisch wirksame Durchmesser D_{hy} einzusetzen (vgl. *Technische Hydromechanik/1, S. 188 f.*).

$$D_{hy} = 4 \cdot r_{hy} = 4 \cdot \frac{A}{l_u} = 4 \cdot \frac{a \cdot b}{2 \cdot (a+b)}$$

$$D_{hy} = 4 \cdot \frac{1 \cdot 3}{2 \cdot (1+3)} = 1,5 \text{ m}$$

Der Rohrreibungsbeiwert wird vorerst unter der Annahme hydraulisch rauen Verhaltens geschätzt:

$$k / D_{hy} = 1,5 / 1500 = 10^{-3} \qquad Re \to \infty$$
$$\Rightarrow \quad \lambda = 0,0196$$

Für den Hebereinlauf wird der Verlustbeiwert $\varsigma_e = 0,05$ geschätzt, was ein mittlerer Wert für eine gut ausgerundete Einlauftrompete ist (vgl. *Technische Hydromechanik/1, S. 193 f., Tafel 5.3*). Der Umlenkverlustbeiwert ς_K für den Krümmer kann mit Hilfe der Diagramme und Tabellen nach *Idelcik* bestimmt werden (vgl. *Technische Hydromechanik/1, S. 201 ff.*). Demnach setzt sich ς_K aus fünf Faktoren zusammen, die den Umlenkwinkel, die Form des Fließquerschnitts, die *Reynolds*-Zahl, das Krümmungs-verhältnis und die relative Wandrauheit berücksichtigen.

$$\varsigma_K = k_\delta \cdot k_A \cdot k_{Re} \cdot k_{Kr} \cdot k_\varepsilon$$

Im Beispiel erhält man:

- Einfluss des Umlenkwinkels (vgl. *Technische Hydromechanik/1, S. 200, Bild 5.26*)

$$\delta = 135° \quad \Rightarrow \quad k_\delta = 1,25$$

- rechteckiger Fließquerschnitt (vgl. *Technische Hydromechanik/1, S. 201, Bild 5.27*)

$$\frac{b}{a} = \frac{3}{1} = 3 \quad \Rightarrow \quad k_A = 0,85$$

- Die *Reynolds*-Zahl wird als ausreichend groß angenommen, womit sie keinen Einfluss auf den Umlenkverlust hat (vgl. *Technische Hydromechanik/1, S. 201, Bild 5.28*).

$$Re \to \infty \quad \Rightarrow \quad k_{Re} = 1$$

- Einfluss des Krümmungsverhältnisses (vgl. *Technische Hydromechanik/1, S. 202*)

$$\frac{r_K}{D_{hy}} = \frac{2,5}{1,5} = 1,67 > 1 \quad \Rightarrow \quad k_{Kr} = \frac{0,21}{(r_K/D_{hy})^{0,5}} = \frac{0,21}{(2,5/1,5)^{0,5}} = 0,163$$

- Abhängigkeit des Umlenkverlustes von der relativen Wandrauheit, wobei die *Reynolds*-Zahl wieder als ausreichend groß angenommen wird (vgl. *Technische Hydromechanik/1, S. 202*)

$$Re \to \infty > 2 \cdot 10^5 \quad \Rightarrow \quad k_\varepsilon = 1 + 10^3 \cdot \frac{k}{D_{hy}} = 1 + 10^3 \cdot \frac{1,5}{1500} = 2$$

Der Umlenkverlustbeiwert ergibt sich damit zu:

$$\varsigma_K = 1,25 \cdot 0,85 \cdot 1 \cdot 0,163 \cdot 2 = 0,346$$

Es kann jetzt die Fließgeschwindigkeit berechnet werden:

$$v = \sqrt{\frac{2 \cdot 9,81 \cdot 16}{0,0196 \cdot \frac{28,5}{1,5} + 0,05 + 0,346 + \frac{1^2}{0,7^2}}} = 10,57 \ \mathrm{m/s}$$

Die Annahmen für die *Reynolds*-Zahl und den Rauheitsbeiwert λ können jetzt überprüft werden:

$$Re = \frac{v \cdot D_{hy}}{\nu} = \frac{10,57 \cdot 1,5}{1,31 \cdot 10^{-6}} = 1,21 \cdot 10^7$$
$$\lambda = 0,0196$$

Es ist also keine Korrektur erforderlich. Der Durchfluss ergibt sich damit zu:

$$Q = v \cdot a \cdot b = 10,57 \cdot 1 \cdot 3 = \underline{\underline{31,7 \ \mathrm{m^3/s}}}$$

5.3   Pumpen in Druckleitungen

Aufgabe 5.3.1: Eine Pumpe fördert Wasser in ein Bewässerungssystem. Der Durchfluss beträgt Q = 80 l/s. Es ist die erforderliche elektrische Anschlussleistung zu bestimmen. Der Wirkungsgrad der Pumpe ist η_P = 0,75, der des Elektromotors η_M = 0,9.

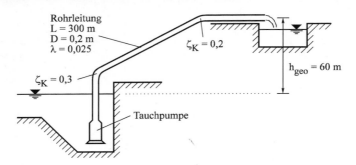

Lösung: Die elektrische Anschlussleistung ergibt sich unter Berücksichtigung der Wirkungsgrade von Motor und Pumpe zu (vgl. *Technische Hydromechanik/1, S. 231*):

$$P = \frac{\rho_W \cdot g \cdot H \cdot Q}{\eta_P \cdot \eta_M}$$

Die Förderhöhe H der Pumpe setzt sich aus der geodätischen Förderhöhe h_{geo}, der Verlusthöhe h_v sowie der Geschwindigkeitshöhe am Ende der Rohrleitung zusammen:

$$H = h_{geo} + h_v + \frac{v^2}{2g} \quad \text{mit} \quad v = \frac{Q}{A} = \frac{4 \cdot Q}{\pi \cdot D^2} = \frac{4 \cdot 0,08}{\pi \cdot 0,2^2} = 2,55 \text{ m/s}$$

Die Verlusthöhe infolge Rohrreibung und örtlicher Verluste beträgt:

$$h_v = \lambda \cdot \frac{L}{D} \cdot \frac{v^2}{2g} + \Sigma\varsigma \cdot \frac{v^2}{2g} = \left(0,025 \cdot \frac{300}{0,2} + 0,3 + 0,2\right) \cdot \frac{2,55^2}{2 \cdot 9,81} = 12,6 \text{ m}$$

Damit ergibt sich die elektrische Anschlussleistung zu:

$$P = \frac{1000 \cdot 9,81 \cdot \left(60 + 12,6 + \dfrac{2,55^2}{2 \cdot 9,81}\right) \cdot 0,08}{0,75 \cdot 0,9} = 84795 \text{ W} = \underline{\underline{85 \text{ kW}}}$$

Aufgabe 5.3.2: Aus einem unteren Becken wird Wasser (Temperatur T = 10 °C) in ein höher gelegenes Ablaufgerinne gepumpt. Es ist der Arbeitspunkt der Pumpe mit Hilfe der gegebenen Pumpenkennlinie zu bestimmen.

Angaben zur Rohrleitung:
Gesamtlänge   L = 60 m
Innendurchmesser   D = 0,3 m
abs. hydraulische Rauheit   k = 1 mm
Verlustbeiwerte der Krümmer   jeweils ζ = 0,5

Pumpenkennlinie:

Q	(l/s)	0	50	100	150	200
H	(m)	16,0	15,7	14,7	12,8	9,8

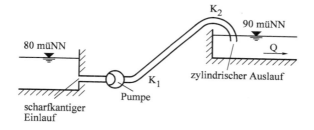

Lösung: Der Arbeitspunkt der Pumpe ist der Schnittpunkt der auf die geodätische Förderhöhe h_{geo} bezogenen Rohrleitungskennlinie und der Pumpenkennlinie. Die Rohrleitungskennlinie ist die grafische Darstellung der Verlusthöhe h_v in Abhängigkeit vom Durchfluss Q. Unter Beachtung der örtlichen Verluste am Einlauf und den Krümmern ergibt sich dieser Zusammenhang zu:

$$h_v = \left(\lambda \cdot \frac{L}{D} + \varsigma_e + 2 \cdot \varsigma_K + 1\right) \cdot \frac{v^2}{2g} = \left(\lambda \cdot \frac{L}{D} + \varsigma_e + 2 \cdot \varsigma_K + 1\right) \cdot \frac{8 \cdot Q^2}{g \cdot \pi^2 \cdot D^4}$$

$$h_v = \left(\lambda \cdot \frac{60}{0,3} + 0,5 + 2 \cdot 0,5 + 1\right) \cdot \frac{8 \cdot Q^2}{9,81 \cdot \pi^2 \cdot 0,3^4} = (\lambda \cdot 2040,2 + 25,5) \cdot Q^2$$

Der Rohrreibungsbeiwert λ ist von der absoluten hydraulischen Rauheit k und der *Reynolds*-Zahl Re abhängig und kann mit Hilfe des Nomogramms nach *Mock* (vgl. *Technische Hydromechanik/1, S. 187*) bestimmt werden:

$$\frac{k}{D} = \frac{1}{300} = 3,33 \cdot 10^{-3}$$

$$Re = \frac{v \cdot D}{\nu} = \frac{4 \cdot Q \cdot D}{\nu \cdot \pi \cdot D^2} = \frac{4 \cdot Q}{1,31 \cdot 10^{-6} \cdot \pi \cdot 0,3} = 3,24 \cdot 10^6 \cdot Q$$

Die erforderliche Förderhöhe H_R wird also folgendermaßen berechnet:

$$H_R = h_{geo} + h_v = 90 - 80 + (\lambda \cdot 2040,2 + 25,5) \cdot Q^2$$
$$H_R = 10\,m + (\lambda \cdot 2040,2 + 25,5)\,s^2/m^5 \cdot Q^2$$

Einzelne Punkte der Rohrleitungskennlinie werden nun tabellarisch berechnet:

Q	Re	λ	H_R
(m^3/s)	$(\cdot 10^5)$	–	(m)
0	–	–	10
0,05	1,62	0,0277	10,21
0,10	3,24	0,0273	10,81
0,15	4,86	0,0272	11,82
0,20	6,48	0,0271	13,23

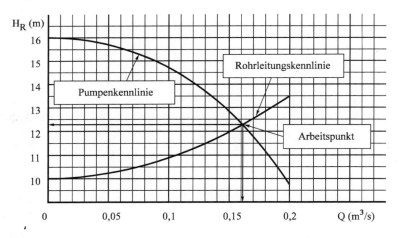

Aus dem Diagramm sind Durchfluss und Förderhöhe im Arbeitspunkt ablesbar:

$$Q \approx 0,16\,m^3/s \qquad H_R \approx 12,3\,m$$

Aufgabe 5.3.3: Für die unten dargestellte Pumpstation soll die maximal mögliche geodätische Höhe $h_{geo,\,s}$ des Aufstellortes der Pumpe für einen Durchfluss $Q = 0,5 \ m^3/s$ bestimmt werden. Die Haltedruckhöhe der Pumpe beträgt $h_H = 4,5 \ m$. Als minimaler Luftdruck wird $p_{amb} = 93 \ kPa$ angenommen. Die Wassertemperatur beträgt $T = 10 \ °C$.

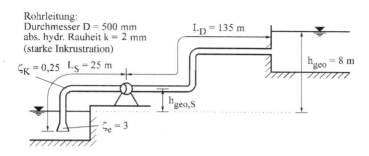

Lösung: Die vorhandene Saughöhe ergibt sich als Summe aus geodätischer Saughöhe, Verlusthöhe zwischen Einlauf der Rohrleitung und Saugstutzen der Pumpe und Geschwindigkeitshöhe vor der Pumpe (vgl. *Technische Hydromechanik/1, S. 230 f.*):

$$h_{S,vorh} = h_{geo,S} + h_{v,S} + \frac{v_s^2}{2g} = h_{geo,S} + \frac{v_s^2}{2g} \cdot \left(\lambda \cdot \frac{L_S}{D_S} + \Sigma \varsigma_S + 1 \right)$$

$$v_S = \frac{Q}{A_S} = \frac{4 \cdot Q}{\pi \cdot D_S^2} = \frac{4 \cdot 0,5}{\pi \cdot 0,5^2} = 2,55 \ m/s$$

$$Re = \frac{v_S \cdot D_S}{\nu} = \frac{2,55 \cdot 0,5}{1,31 \cdot 10^{-6}} = 9,73 \cdot 10^5 \qquad \frac{k}{D_S} = \frac{2}{500} = 4 \cdot 10^{-3}$$

$$\Rightarrow \quad \lambda = 0,0284$$

$$h_{S,vorh} = h_{geo,S} + \frac{2,55^2}{2 \cdot 9,81} \cdot \left(0,0284 \cdot \frac{25}{0,5} + 3 + 0,25 + 1 \right) = h_{geo,S} + 1,88 \ m$$

Die zulässige Saughöhe der Pumpe wird durch den vorhandenen Luftdruck, den von der Temperatur abhängigen Dampfdruck des Wassers (vgl. *Technische Hydromechanik/1, S. 23*), die Haltedruckhöhe und den Durchfluss bestimmt und ergibt sich wie folgt (vgl. *Technische Hydromechanik/1, S. 230 f.*):

$$h_{S,zul} = \frac{p_{amb} - p_D}{\rho \cdot g} - h_H + \frac{v_s^2}{2g} = \frac{93000 - 1230}{1000 \cdot 9,81} - 4,5 + \frac{2,55^2}{2 \cdot 9,81} = 5,19 \ m$$

Damit kann die maximal mögliche geodätische Saughöhe bestimmt werden:

$$h_{S,vorh} = h_{S,zul} \quad \rightarrow \quad h_{geo,S} + 1,88 \ m = 5,19 \ m \quad \Rightarrow \quad \underline{\underline{h_{geo,S} = 3,31 \ m}}$$

6 Stationäres Fließen in offenen Gerinnen

6.1 Gleichförmiger Abfluss; Anwendung der Fließformeln

Aufgabe 6.1.1: Für ein Kraftwerk soll ein l = 600 m langer Werkkanal als Trapezprofil mit einer Sohlbreite b = 3 m und einer Böschungsneigung von 1 : m = 1 : 2 ausgeführt werden. Das Ende des Gerinnes liegt Δh = 1,5 m tiefer als der Anfang. Der Kanal soll eine Kiesauskleidung erhalten und bei einer Wassertiefe von h = 3 m den Durchfluss von Q = 100 m³/s abführen.
a) Wird der erforderliche Durchfluss bei den gegebenen Abmessungen erreicht?
b) Werden die Sohle und die Böschung erodiert und welche Maßnahmen sind gegebenenfalls zu treffen?

Lösung: Aus dem Höhenunterschied Δh und der Gerinnelänge l lässt sich das Sohlgefälle I_0 berechnen:

$$I_0 = \frac{\Delta h}{l} = \frac{1,5}{600} = 0,0025 = \underline{\underline{2,5\,‰}}$$

Die Berechnung des Durchflusses erfolgt mit Hilfe der Fließformel von *Manning-Strickler*:

$$Q = A \cdot k_{St} \cdot r_{hy}^{2/3} \cdot I_E^{1/2}$$

mit der Fließfläche $A = b \cdot h + m \cdot h^2$,
dem hydraulischen Radius $r_{hy} = A / l_u$,
dem benetzten Umfang $l_u = b + 2 \cdot h \cdot \sqrt{1 + m^2}$
und dem Geschwindigkeitsbeiwert nach *Strickler* (s. *Technische Hydromechanik/1, S. 249 Tafel 6.2*) für mittleren Kies $k_{St} = 40\,m^{1/3}\,/\,s$.

Die Fließformel wurde für das Energie(linien)gefälle I_E abgeleitet. Da dies vielfach zu Beginn der Rechnung nicht bekannt ist, wird hilfsweise angenommen, dass die Energielinie, der Wasserspiegel und die Sohle parallel verlaufen. Dies gilt streng genommen nur für ein unendlich langes Gerinne, in dem sich die Normalabflusstiefe einstellt.

$$Q = \left(b \cdot h + m \cdot h^2\right) \cdot k_{St} \cdot \left(\frac{b \cdot h + m \cdot h^2}{b + 2 \cdot h \cdot \sqrt{1+m^2}}\right)^{2/3} \cdot I_0^{1/2}$$

$$Q = \left(3 \cdot 3 + 2 \cdot 3^2\right) \cdot 40 \cdot \left(\frac{3 \cdot 3 + 2 \cdot 3^2}{3 + 2 \cdot 3 \cdot \sqrt{1+2^2}}\right)^{2/3} \cdot 0{,}0025^{1/2} = 75{,}24 \ m^{1/3}/s$$

Der erforderliche Durchfluss wird also nicht erreicht.

b) Die mittlere Fließgeschwindigkeit im Gerinne beträgt

$$v = \frac{Q}{A} = \frac{75{,}24}{27} = 2{,}787 \ m/s > v_{krit} = 0{,}8.....1{,}25 \ \text{für mittleren Kies}$$

Da die vorhandene Geschwindigkeit größer als die nach *Technische Hydromechanik/1 S. 267, Tafel 6.6* zulässige kritische Geschwindigkeit ist, muss mit Erosion im Gerinne gerechnet werden.
Das Gerinne entspricht also in zweifacher Hinsicht nicht den gestellten Anforderungen.

Eine **Durchflussvergrößerung** kann durch Veränderung der Eingangsgrößen in der Fließformel erreicht werden:
1. A: Die Fließfläche kann durch eine Vergrößerung der Wassertiefe gesteigert werden.
2. k_{St}: Die Gerinnerauheit kann durch eine Auskleidung des Gerinnes vermindert werden (z. B. Beton, nicht geglättet: $k_{St} = 60 \ m^{1/3}/s$).
3. I_0: Der Abfluss kann durch Verstärkung des Gefälles gesteigert werden. Dies ist aber mit einem meist unerwünschten Fallhöhenverlust verbunden.
4. r_{hy}: Die Wandreibung kann durch eine Verkleinerung des benetzten Umfanges l_u im Verhältnis zur Fließfläche (hydraulisch günstiges Profil, vgl. Abschn. 6.2) erreicht werden.

Eine Sicherung der Gerinnewand **gegen Erosion** kann durch eine Befestigung erfolgen, die in der Regel mit Verminderung der Rauheit einhergeht.

Wenn die Befestigung des Gerinnes durch eine Betonauskleidung erfolgt, kann ein Durchfluss von $Q = 112{,}9 \ m^3/s$ abgeführt werden, wobei die mittlere Geschwindigkeit $v = 4{,}18 \ m/s \approx v_{krit} = 4 \ m/s$ in der Größenordnung der zulässigen Geschwindigkeit liegt.

Aufgabe 6.1.2: Für ein rechteckiges Abflussgerinne mit der Sohlbreite b = 15 m, dem Sohlgefälle I_O = 0,000115 und einer dem Geschwindigkeitsbeiwert k_{St} = 35 m$^{1/3}$/s entsprechenden Wandrauhigkeit (z. B. Felsausbruch, bearbeitet, grobes Bruchstein-Trockenmauerwerk) soll die Abhängigkeit der Normalabflusstiefe vom Durchfluss dargestellt werden (= „Schlüsselkurve"). Verwenden Sie hierzu vergleichsweise die Fließformel nach *Manning-Strickler*, die universelle Fließformel und die vereinfachte universelle Fließformel!

Lösung (vgl. *Technische Hydromechanik /1, S. 242 bis 252)*: Die Fließformel nach *Manning-Strickler* lautet

$$Q = A \cdot v = A \cdot k_{St} \cdot r_{hy}^{2/3} \cdot I_E^{1/2} = b \cdot h \cdot k_{St} \cdot \left(\frac{b \cdot h}{b + 2 \cdot h} \right)^{2/3} \cdot I_E^{1/2}$$

mit der Fließfläche $A = b \cdot h$, dem hydraulischen Radius $r_{hy} = A / l_u$, dem benetzten Umfang $l_u = b + 2 \cdot h$.
Die universelle Fließformel lautet

$$Q = A \cdot v = -4 \cdot A \cdot lg \left(\frac{f_g \cdot \nu}{8 \cdot r_{hy} \cdot \sqrt{2g \cdot r_{hy} \cdot I_E}} + \frac{k / r_{hy}}{4 \cdot f_r} \right) \cdot \sqrt{2g \cdot r_{hy} \cdot I_E}$$

mit der kinematischen Viskosität $\nu = 1,31 \cdot 10^{-6}$ m^2/s bei $T_w = 10°$ C, den Formbeiwerten f_g und f_r in Abhängigkeit von der Gerinnegeometrie (*Technische Hydromechanik /1, S. 252, Tafel 6.3.*) und der absoluten hydraulischen Rauhigkeit (Rauheit) $k = (26 / k_{St})^6$ (oder nach *Technische Hydromechanik /1, S. 248 f., Tafel 6.2.*). Die Werte für f_g und f_r wurden in Abhängigkeit vom Verhältnis h/b linear interpoliert.

Die vereinfachte universelle Fließformel lautet unter Vernachlässigung der inneren Reibung, die gegenüber der Wandreibung in der Regel sehr klein ist

$$Q = A \cdot v = -4 \cdot A \cdot lg \left(\frac{k / r_{hy}}{4 \cdot f_r} \right) \cdot \sqrt{2g \cdot r_{hy} \cdot I_E} = A \cdot \left(C_r + 17,71 \cdot lg \left(\frac{r_{hy}}{k} \right) \right) \cdot \sqrt{r_{hy} \cdot I_E}$$

mit dem Beiwert $C_r = 4 \cdot lg(4 \cdot f_r) \cdot \sqrt{2g}$ (*Technische Hydromechanik /1, S. 252, Tafel 6.3*) Wie bei der vorangehenden Aufgabe wird auch hier angenommen, dass die Sohle und die Energielinie parallel sind.

Die Auswertung der Gleichungen führt zu der folgenden Wertetabelle:

h	A	l_u	r_{hy}	\multicolumn{2}{c}{Manning-Strickler-Formel}	f_g	f_r	C_r	\multicolumn{2}{c}{universelle Fließformel}	\multicolumn{2}{c}{vereinfachte universelle Fließformel}
				v	Q				v	Q	v	Q
m	m²	m	m	m/s	m³/s				m/s	m³/s	m/s	m³/s
0,00	0,00	15	0,000	0,000	0,000	3,05	3,05	19,24				
0,50	7,50	16	0,469	0,226	1,699	3,04	3,07	19,28	0,200	1,496	0,199	1,496
1,00	15,00	17	0,882	0,345	5,179	3,03	3,08	19,32	0,323	4,848	0,323	4,847
1,50	22,50	18	1,250	0,436	9,800	3,02	3,10	19,36	0,417	9,390	0,417	9,387
2,00	30,00	19	1,579	0,509	15,268	3,01	3,12	19,40	0,494	14,815	0,494	14,809
2,50	37,50	20	1,875	0,571	21,402	3,00	3,13	19,44	0,558	20,931	0,558	20,923
3,00	45,00	21	2,143	0,624	28,073	2,99	3,15	19,48	0,613	27,607	0,613	27,595
3,50	52,50	22	2,386	0,670	35,188	2,98	3,17	19,52	0,662	34,744	0,662	34,729
4,00	60,00	23	2,609	0,711	42,676	2,97	3,18	19,57	0,705	42,271	0,704	42,253
4,50	67,50	24	2,813	0,748	50,479	2,96	3,20	19,61	0,743	50,129	0,742	50,108
5,00	75,00	25	3,000	0,781	58,554	2,95	3,22	19,65	0,777	58,273	0,777	58,250
5,50	82,50	26	3,173	0,810	66,863	2,94	3,23	19,69	0,808	66,667	0,808	66,641
6,00	90,00	27	3,333	0,838	75,378	2,93	3,25	19,73	0,836	75,279	0,836	75,252
6,50	97,50	28	3,482	0,862	84,072	2,92	3,27	19,77	0,862	84,085	0,862	84,057
7,00	105,0	29	3,621	0,885	92,924	2,91	3,28	19,81	0,886	93,065	0,886	93,037
7,50	112,5	30	3,750	0,906	101,92	2,90	3,30	19,85	0,908	102,20	0,908	102,17

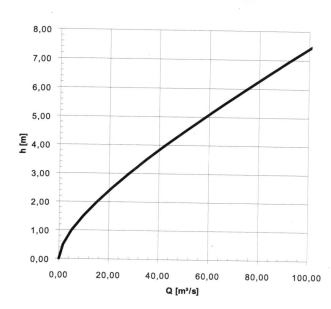

Schlüsselkurve für das
Rechteckprofil

Die Abweichung der Ergebnisse voneinander liegt im Rahmen der Rechengenauigkeit.

Aufgabe 6.1.3: In einem glatten, unverputzten Betonkanal mit der Sohlbreite b = 5 m und der Böschungsneigung 1 : m = 1 : 2 beträgt die Tiefe des abfließenden Wassers h = 1,2 m bei einer Längsneigung von I_0 = 0,2 °/∘∘.
Bestimmen Sie **a)** den Durchfluss, **b)** die Schleppspannung t_0 und **c)** die Wassertiefe h für einen Abfluss von Q = 15 m³/s!

Lösung: a) Der Geschwindigkeitsbeiwert für glatten, unverputzten Beton kann aus Tafeln (z. B. *Technische Hydromechanik/1, S. 248 f., Tafel 6.2*) entnommen werden:

$$k_{st} = 65 \ m^{1/3}/s$$

Der Durchfluss wird mit der Fließformel nach *Manning-Strickler* berechnet:

$$Q = A \cdot k_{St} \cdot r_{hy}^{2/3} \cdot I^{1/2}$$
$$A = b \cdot h + 2 \cdot h^2 = 5 \cdot 1,2 + 2 \cdot 1,2^2 = 8,88 \, m^2 \quad \text{(Fließfläche)}$$
$$l_u = b + 2 \cdot h \cdot \sqrt{1 + 2^2} = 5 + 2 \cdot 1,2 \cdot \sqrt{1 + 2^2} = 10,37 \ m \quad \text{(benetzter Umfang)}$$
$$r_{hy} = \frac{A}{l_u} = \frac{8,88}{10,37} = 0,86 \ m \quad \text{(hydraulischer Radius)}$$
$$Q = 8,88 \cdot 65 \cdot 0,86^{2/3} \cdot 0,0002^{1/2} = \underline{\underline{7,38 \ m^3/s}}$$

b) Die Schleppspannung ergibt sich zu:

$$\tau_0 = \rho \cdot g \cdot r_{hy} \cdot I = 1000 \cdot 9,81 \cdot 0,86 \cdot 0,0002 = \underline{\underline{1,69 \ N/m^2}} = 1,69 \ Pa$$

c) Da die Fließformel für das Trapezprofil nicht explizit nach der Wassertiefe h umgestellt werden kann, wird diese mittels einer Schlüsselkurve graphisch bestimmt (Berechnung der Funktion Q = f (h) wie unter a)).

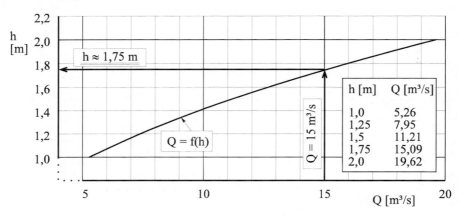

Aufgabe 6.1.4: Ein im Querschnitt kreisförmiger Abwassersammler aus Beton, dessen Innenwand geglättet ist, hat einen Innendurchmesser von d = 2 m. Bei einer Füllhöhe von h = 1,5 m soll ein Durchfluss von Q = 2,6 m³/s abgeführt werden. Welches Sohlgefälle I_o muss das Gerinne erhalten?

Lösung: Obwohl es sich bei der beschriebenen Bauweise um eine Rohrleitung handelt, erfolgt die Berechnung nach den Ansätzen für das offene Gerinne, weil es sich um eine teilgefüllte Rohrleitung mit Freispiegelabfluss handelt.

Das erforderliche Gefälle des Stollens wird mit der Fließformel nach *Manning-Strickler* bestimmt. Für glatt verputzten Beton wird ein Geschwindigkeitsbeiwert von $k_{St} = 85\,\mathrm{m}^{1/3}/\mathrm{s}$ gewählt.

$$Q = k_{St} \cdot A \cdot r_{hy}^{2/3} \cdot I^{1/2} \qquad I = \left(\frac{Q}{k_{St} \cdot A \cdot r_{hy}^{2/3}} \right)^2$$

Berechnung der Geometrie am teilgefüllten Kreisquerschnitt:

$$A = \pi \cdot r^2 - \left(\frac{b \cdot r - s \cdot (h - r)}{2} \right) \quad mit \quad b = \alpha \cdot r \; und \; s = 2 \cdot r \cdot \sin\left(\frac{\alpha}{2} \right)$$

$$\cos\left(\frac{\alpha}{2} \right) = \frac{h - r}{r} \rightarrow \alpha = 2 \cdot \arccos\left(\frac{h - r}{r} \right) = 2 \cdot \arccos\left(\frac{1,5 - 1}{1} \right) = 2,094 \quad Bogenmaß$$

$$A = \pi \cdot 1^2 - \left(\frac{2,094 \cdot 1 \cdot 1 - 2 \cdot 1 \cdot \sin\left(\dfrac{2,094}{2} \right) \cdot (1,5 - 1)}{2} \right) = 2,527 \; \mathrm{m}^2$$

$$l_u = 2 \cdot \pi \cdot r - b = 2 \cdot \pi \cdot 1 - 2,094 \cdot 1 = 4,189 \; \mathrm{m}$$

Es wird näherungsweise angenommen, dass Energielinien- und Sohlgefälle parallel sind. Damit ergibt sich das Gefälle zu:

$$I = \left(\frac{2,6}{85 \cdot 2,527 \cdot \left(\dfrac{2,527}{4,189} \right)^{2/3}} \right)^2 = 0,000287 = 0,0287\,\% = 0,287\,\%_0$$

Aufgabe 6.1.5: Für das dargestellte gegliederte Hochwasserprofil eines Flusses betragen die Geschwindigkeitsbeiwerte nach *Manning-Strickler* für die Vorländer $k_{St,V} = 30\,m^{1/3}/s$ und für das Mittelwasserbett $k_{St,M} = 40\,m^{1/3}/s$.
Berechnen Sie für ein Gefälle von I = 0,4 ‰
a) den Gesamtabfluss Q und **b)** die Fließgeschwindigkeit v_M im Mittelwasserbett!

Lösung: a) Die Berechnung des Abflusses erfolgt mit der *Manning*-Formel. Bei dem vorliegenden gegliederten Querschnitt werden die Abflüsse für die Vorländer und das Mittelwasserbett getrennt berechnet. Für den benetzten Umfang ist beim Mittelwasserbett die Interaktionsfläche zu den Vorlandbereichen mit anzusetzen.

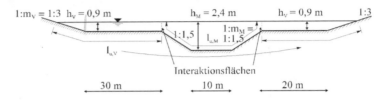

Mittelwasserbett:

$$Q = k_{St,M} \cdot A_M \cdot r_{hy,M}^{2/3} \cdot I^{1/2} \qquad r_{hy,M} = \frac{A_M}{l_{u,M}}$$

$$A_M = b_M \cdot h + m_M \cdot h^2 + h_V \cdot (b_M + 2 \cdot m_M \cdot h) \quad \text{mit} \quad h = h_M - h_V$$

$$A_M = 10 \cdot 1,5 + 1,5 \cdot 1,5^2 + 0,9 \cdot (10 + 2 \cdot 1,5 \cdot 1,5) = 31,42\,m^2$$

$$l_{u,M} = b_M + 2 \cdot h \cdot \sqrt{1 + m_M^2} + 2 \cdot h_V = 10 + 2 \cdot 1,5 \cdot \sqrt{1 + 1,5^2} + 2 \cdot 0,9 = 17,21\,m$$

$$r_{hy} = 1,826 \qquad Q_M = 40 \cdot 31,42 \cdot \left(\frac{31,42}{17,21}\right)^{2/3} \cdot 0,0004^{1/2} = 37,5\,m^3/s$$

Vorländer (Berechnung erfolgt für beide Vorländer gemeinsam):

$$Q = k_{St,V} \cdot A_V \cdot r_{hy,V}^{2/3} \cdot I^{1/2} \qquad r_{hy,V} = \frac{A_V}{l_{u,V}}$$

$$A_V = (b_L + b_R) \cdot h_V + m_V \cdot h_V^2 = (30 + 20) \cdot 0,9 + 3 \cdot 0,9^2 = 47,43\,m^2$$

$$l_{u,V} = b_L + b_R + 2 \cdot h_V \cdot \sqrt{1 + m_V^2} = 30 + 20 + 2 \cdot 0,9 \cdot \sqrt{1 + 3^2} = 55,69\,m$$

$$r_{hy} = 0,852 \qquad Q_V = 30 \cdot 47,43 \cdot \left(\frac{47,43}{55,69}\right)^{2/3} \cdot 0,0004^{1/2} = 25,6\,m^3/s$$

Der Gesamtdurchfluss ergibt sich damit zu:
$$Q = Q_M + Q_V = 37,5 + 25,6 = \underline{\underline{63,1\,m^3/s}}$$

b) Die mittlere Fließgeschwindigkeit im Mittelwasserbett beträgt:

$$v_M = \frac{Q_M}{A_M} = \frac{37,55}{31,42} = \underline{\underline{1,2\,m/s}}$$

Aufgabe 6.1.6: Der Fließquerschnitt eines Gerinnes kann als Trapezprofil angenähert werden. Die etwa 1:m = 1:2 geneigten Böschungen sind mit grobem Bruchsteinpflaster gesichert; die b = 5 m breite Sohle besteht aus Grobkies. Welche Längsneigung muss das Gerinne haben, wenn bei einer Wassertiefe von h = 2 m eine mittlere Fließgeschwindigkeit von v = 0,482 m/s gemessen wurde? Wie groß war der Durchfluss zur Zeit der Messung?

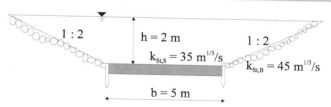

Lösung: Der Durchfluss berechnet sich mit

$$A = 0{,}5 \cdot h \cdot (2 \cdot b + 2 \cdot m \cdot h) = 0{,}5 \cdot 2 \cdot (2 \cdot 5 + 2 \cdot 2 \cdot 2) = 18 \text{ m}^2 \quad \text{zu}$$

$$Q = v \cdot A = 0{,}482 \cdot 18 = \underline{\underline{8{,}677 \text{ m}^3/s}}$$

Die Berechnung soll mit der Fließformel nach *Manning-Strickler* erfolgen. Für die Sohle wird der *Strickler*-Beiwert bestimmt zu $k_{St,\,s} = 35$ m$^{1/3}$/s und für die Böschung $k_{St,\,B} = 45$ m$^{1/3}$/s. Die unterschiedlichen Querschnittsrauheiten für Böschung und Sohle im kompakten Trapezprofil können mit der Beziehung von *Einstein* (vgl. *Technische Hydromechanik /1, S. 253*) gewichtet gemittelt werden:

$$k_{St} = \left(\frac{l_u}{\sum\limits_{i=1}^{n}\left[l_{ui} / k_{St,i}^{3/2} \right]} \right)^{2/3} = \left(\frac{2 \cdot h \cdot \sqrt{1+m^2} + b}{\dfrac{2 \cdot h \cdot \sqrt{1+m^2}}{k_{St,B}^{3/2}} + \dfrac{b}{k_{St,S}^{3/2}}} \right)^{2/3} = \left(\frac{2 \cdot 2 \cdot \sqrt{1+2^2} + 5}{\dfrac{2 \cdot 2 \cdot \sqrt{1+2^2}}{45^{3/2}} + \dfrac{5}{35^{3/2}}} \right)^{2/3} = 40{,}66 \approx \underline{\underline{41 m^{1/3}/s}}$$

Die nach dem Gefälle aufgelöste Fließgleichung lautet

$$I_E = \left(\frac{v}{k_{St} \cdot r_{hy}^{2/3}} \right)^2 = \left(\frac{v}{k_{St} \cdot \left[\dfrac{A}{b + 2 \cdot h \cdot \sqrt{1+m^2}} \right]^{2/3}} \right)^2 = \left(\frac{0{,}482}{41 \cdot \left[\dfrac{18}{5 + 2 \cdot 2 \cdot \sqrt{1+2^2}} \right]^{2/3}} \right)^2 = \underline{\underline{0{,}0001}}$$

Das Energielliniengefälle beträgt demnach 0,1 ‰. Wenn der betrachtete Gerinneabschnitt ausreichend lang ist, stellt sich die Normalabflusstiefe ein und das Energiegefälle, die Wasserspiegellinie und die Sohle eines Gerinnes mit gleichbleibenden Abmessungen sind parallel, so dass das berechnete Gefälle sich auch auf die Sohle bezieht.

Aufgabe 6.1.7: Ein Gerinne mit parabelförmigem Fließquerschnitt und vollem Bewuchs (Bäume und lockerer Strauchbewuchs) wird während eines Hochwasserereignisses mit einer Wassertiefe von h = 2 m durchflossen. Die Sohlneigung in Fließrichtung beträgt l = 0,0004. Der formabhängige Widerstandsbeiwert für die Elemente des Bewuchses

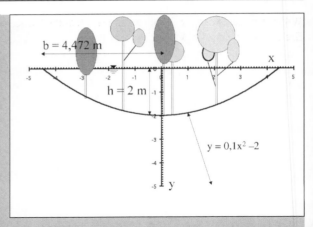

c_{wR} wird mit 1 angegeben. Es sind auf einem Quadratmeter Gewässerfläche etwa 2 Stämme mit einem mittleren Durchmesser von d_{Dm} = 0,08 m anzutreffen. Böschung und Sohle entsprechen der eines regelmäßigen, sandig bis lehmigen Erdkanals. Wie groß ist der Durchfluss?

Lösung: Für die Ermittlung des Abflusses in Gerinnen mit vollem Bewuchs wurden verschiedene Berechnungsansätze entwickelt, die sich hinsichtlich ihrer Anwendungsbedingungen und ihres Berechnungsaufwandes unterscheiden. Da bei den Eingangswerten z. T. auf Schätzungen zurückgegriffen werden muss, unterliegen auch die Ergebnisse gewissen Streuungen.

Nachfolgend soll der Ansatz nach *Schröder* (in *Technische Hydromechanik /1, S. 256*) verwendet werden:

$$Q = A \cdot v = A \cdot \sqrt{\frac{8 \cdot g \cdot r_{hy} \cdot I}{\lambda_w + 4 \cdot c_{wR} \cdot \omega_p \cdot r_{hy}}}$$

Die für die Berechnung erforderlichen Hilfsgrößen ergeben sich wie folgt:

Fließfläche (Flächenintegral):

$$A = \int_{-4,472}^{4,472} (0,1 \cdot x^2 - 2) dx = \left| \frac{0,1 \cdot x^3}{3} - 2 \cdot x \right|_{-4,472}^{4,472} = \underline{\underline{11,92 \text{ m}^2}}$$

benetzter Umfang (Linienintegral):

$$l_u = \int_K f(x,y) ds = 2 \cdot \int_{-4,472}^{4,472} \sqrt{\left(1 + \left(\frac{dy}{dx}\right)^2\right)} \, dx$$

$$I_u = 4,472 \cdot \sqrt{0,01 \cdot (2 \cdot 4,472)^2 + 1} + 5 \cdot \ln\left[0,1 \cdot 2 \cdot 4,472 + \sqrt{0,01 \cdot (2 \cdot 4,472)^2 + 1}\right]$$

$$I_u = 10,02 \text{ m}$$

hydraulischer Radius: $r_{hy} = \dfrac{A}{l_u} = \dfrac{11,92}{10,02} = \underline{\underline{1,189 \text{ m}}}$

Widerstandsbeiwert der Wandreibung (rau): zunächst $k_{St} = 40\,m^{1/3}/s$ für regelmäßigen Erdkanal/sandigen Lehm bestimmt.

$$k = \left(\frac{26}{k_{St}}\right)^6 = 0,075\ m \quad \text{und}$$

$$\lambda_w = \left(\frac{0,5}{lg\left(\frac{f_r}{k/d}\right)}\right)^2 = \left(\frac{0,5}{lg\left(\frac{3,3}{0,075/4 \cdot 1,189}\right)}\right)^2 = 0,0464$$

mit $d = 4 \cdot r_{hy}$ und $f_r \approx 3,3$ (aus Tafel 6.3)

Widerstandsbeiwert für durchströmte Pflanzen: $c_{wR} \approx 1$

spezifische Vegetationsanströmfläche:

$$\omega_p = d_{pm} \cdot D_p = 0,08 \cdot 2 = 0,16$$

mit $\quad d_{pm} = 0,08\ m \quad$ mittlerer Stammdurchmesser

und $\quad D_p = 2 \quad$ Anzahl der Stämme pro m^2 Gewässerfläche

Der Durchfluss ergibt sich zu

$$Q = A \cdot v = 11,92 \cdot \sqrt{\frac{8 \cdot g \cdot 1,189 \cdot 0,0004}{0,0464 + 4 \cdot 1 \cdot 0,16 \cdot 1,189}} = 11,92 \cdot 0,21 = \underline{\underline{2,56\ m^3/s}}$$

Wenn für die beschriebene Gerinnerauheit nach *Ven Te Chow, Open Cannel Hydraulics, McGraw-Hill 1959 (S. 112)* ein *Manning*wert von n = 0,1 → $k_{St}=1/n = 10$ ermittelt wird, ergibt sich mit der Fließformel nach *Manning-Strickler*:

$$Q = k_{St} \cdot A \cdot r_{hy}^{2/3} \cdot I^{1/2} = 10 \cdot 11,92 \cdot 1,189^{2/3} \cdot 0,0004^{1/2} = \underline{\underline{2,68\ m^3/s}}$$

Hinweis: Das Ergebnis der Abflussberechnung ist weitgehend von der zutreffenden Bestimmung der Gerinnerauheit (mit oder ohne Bewuchs) abhängig. Da der Bearbeiter oft auf Schätzungen dieses Wertes angewiesen ist, sollte die Empfindlichkeit des Ergebnisses durch das Einsetzen oberer und unterer Grenzwerte für die Rauheit überprüft werden.

6.2   Bemessung von Fließquerschnitten

Aufgabe 6.2.1: Über einen als betoniertes Trapezgerinne (k_{St} = 65 m$^{1/3}$/s) ausgeführten Kanal sollen einem Kraftwerk Q = 50 m³/s Wasser zugeführt werden. Als mittlere Fließgeschwindigkeit wird v = 2 m/s zugelassen.
a) Welche Abmessungen muss der Kanal erhalten, damit in ihm ein möglichst geringer Fallhöhenverlust auftritt?
b) Wie groß ist das Mindestgefälle in Längsrichtung bei gleichförmigem Abfluss?

Lösung: a) Die Bedingung „möglichst geringer Fallhöhenverlust" bedeutet, dass für den vorgegebenen Durchfluss und die vorgegebene Fließgeschwindigkeit der Kanalquerschnitt für ein möglichst geringes Gefälle zu bemessen ist. Das wird durch die Wahl des hydraulisch günstigen Querschnitts erreicht (vgl. *Technische Hydromechanik /1, S. 260 ff.*).
Die Sohlbreite b, Wasserspiegelbreite b_w und Wassertiefe h eines Trapezprofils ergeben sich dabei zu:

$$b = T_b \cdot \sqrt{A}$$

$$b_w = T_{bw} \cdot \sqrt{A}$$

$$h = T_h \cdot \sqrt{A}$$

$$\text{mit} \quad A = \frac{Q}{v} = \frac{50}{2} = 25 \, \text{m}^2$$

Die Faktoren T_b, T_{bw} und T_h sind von der Böschungsneigung abhängig. Bei einer Beton-auskleidung kann die Böschungsneigung aus bautechnischer Sicht beliebig gewählt werden, aus hydraulischer Sicht ergibt sich das günstigste Profil bei einer Neigung von $\alpha = 60°$. Damit ist das Neigungsverhältnis 1 : m = 1 : 0,5774. Mit den Werten aus *Technische Hydromechanik /1, S. 262 Tafel 6.4.* erhält man:

$$b = 0{,}877 \cdot \sqrt{25\text{m}^2} = \underline{\underline{4{,}385 \, \text{m}}}$$

$$b_w = 1{,}755 \cdot \sqrt{25\text{m}^2} = \underline{\underline{8{,}755 \, \text{m}}}$$

$$h = 0{,}760 \cdot \sqrt{25\text{m}^2} = \underline{\underline{3{,}800 \, \text{m}}}$$

b) Das zu diesen Querschnittsabmessungen gehörige minimale Längsgefälle kann nun mit der Fließformel nach *Manning-Strickler* bestimmt werden:

$$Q = A \cdot k_{St} \cdot r_{hy}^{2/3} \cdot I^{1/2} \quad \Rightarrow \quad I = \left(\frac{Q}{A \cdot k_{St} \cdot r_{hy}^{2/3}} \right)^2$$

Für das hydraulisch günstige Trapezprofil gilt $r_{hy} = h/2$. Damit erhält man:

$$r_{hy} = \frac{h}{2} = \frac{3{,}80}{2} = 1{,}9 \, \text{m} \qquad I = \left(\frac{50}{25 \cdot 65 \cdot 1{,}9^{2/3}} \right)^2 = 0{,}000402 = \underline{\underline{0{,}0402 \, \%}}$$

Aufgabe 6.2.2: Für die bauzeitliche Wasserumleitung an der Baustelle eines Wehres ist ein rechteckiges Holzgerinne für einen Abfluss von Q = 60 m³/s vorgesehen. Das l = 100 m lange Gerinne muss einen Höhenunterschied von Δh = 1,5 m überwinden.
Ermitteln Sie
a) die Gerinneabmessungen unter der Bedingung des geringsten Materialeinsatzes,
b) die maximale Scherkraft und das Eckmoment für die senkrechten Wände,
c) ob strömender oder schießender Abfluss vorliegt und
d) ob und – wenn ja – welche Maßnahmen vorzusehen sind, damit im anschließenden Flussbett (Grobkies) keine Auskolkungen auftreten!

Lösung: a) Die Bedingung des geringsten Materialeinsatzes bedeutet im vorliegenden Fall, dass die Länge des abgewickelten Umrisses des Rechteckgerinnes ein Minimum wird. Ein Freibord soll hier nicht berücksichtigt werden:

$$l_u = b + 2 \cdot h \xrightarrow{\;!\;} \text{Minimum}$$

Das ist gleichbedeutend mit der Bedingung für den hydraulisch günstigen Querschnitt. Für den Rechteckquerschnitt wird diese Bedingung bei $b = 2 \cdot h$ erfüllt.
Mit der Fließformel nach *Manning-Strickler* können nun die Wassertiefe h und die Sohlbreite b berechnet werden, wenn für Holz der Geschwindigkeitsbeiwert zu $k_{St} = 90 \ \text{m}^{1/3}/\text{s}$ bestimmt wird:

$$Q = k_{St} \cdot A \cdot r_{hy}^{2/3} \cdot I^{1/2} = k_{St} \cdot 2 \cdot h \cdot h \cdot \left(\frac{h}{2}\right)^{2/3} \cdot I^{1/2} \quad \text{mit} \quad I = \frac{\Delta h}{l}$$

$$h = \left(\frac{Q \cdot 2^{2/3}}{k_{St} \cdot I^{1/2} \cdot 2}\right)^{3/8} = \left(\frac{60 \cdot 2^{2/3}}{90 \cdot \left(\dfrac{1,5}{100}\right)^{1/2} \cdot 2}\right)^{3/8} = 1,73 \ \text{m}$$

$$b = 2 \cdot h = 2 \cdot 1,731 = 3,46 \ \text{m}$$

b)

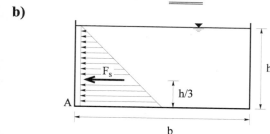

Scherkraft und Eckmoment im Punkt A ergeben sich aus der statischen Wasserdruckkraft:

$$F_s = \rho \cdot g \cdot \frac{h^2}{2} = 1000 \cdot 9,81 \cdot \frac{1,73^2}{2} = 14680 \ N/m = \underline{\underline{14,68 \ kN/m}}$$

$$M = F_s \cdot \frac{h}{3} = 14680 \cdot \frac{1,73}{3} = 8466 \ Nm/m = \underline{\underline{8,466 \ kNm/m}}$$

c) Durch Vergleich der vorhandenen Wassertiefe mit der Grenztiefe (= kritische Tiefe) wird der Fließzustand bestimmt:

$$h_{gr} = \sqrt[3]{\frac{Q^2}{g \cdot b^2}} = \sqrt[3]{\frac{60^2}{9,81 \cdot 3,46^2}} = 3,13 \ m > h_{vorh} = 1,73 \ m \quad \Rightarrow \quad \text{schießender Abfluss}$$

d) Der Bereich der Einmündung des Umleitungsgerinnes in das anschließende Flussbett muss zusätzlich befestigt werden (z. B. durch Betonplatten oder Wasserbaupflaster), weil

- erstens die Fließgeschwindigkeit im Holzgerinne weit über der kritischen Fließgeschwindigkeit für den Grobkies liegt

$$v = \frac{Q}{A} = \frac{Q}{h \cdot b} = \frac{60}{1,73 \cdot 3,46} = 10 \ m/s > v_{krit} \approx 1,5 \ m/s \ ,$$

- zweitens je nach Fließzustand im anschließenden Flussbett ein Wechselsprung auftreten kann.

Aufgabe 6.2.3: Einem Kraftwerk mit einer Schluckfähigkeit der Turbinen von Q = 80 m³/s wird das Wasser über einen Werkkanal zugeführt. Der trapezförmige, mit Beton verkleidete Kanalquerschnitt ($k_{St} = 67 \ m^{1/3}/s$) hat eine Böschungsneigung von 1 : m = 1 : 1,5. Das Sohlgefälle beträgt $I_0 = 0,1\%_0$.
a) Welche Sohlbreite muss der Querschnitt erhalten, wenn die Wassertiefe nicht größer als h = 3,5 m werden soll?
b) Ist der Querschnitt so ausgelegt, dass die geringstmöglichen Energieverluste auftreten?

Lösung: a) Die erforderliche Sohlbreite kann mit Hilfe der Fließformel nach *Manning-Strickler* ermittelt werden. Da diese für ein Trapezgerinne nicht explizit nach der Sohlbreite b umgestellt werden kann, erfolgt die Lösung grafisch mittels einer Schlüsselkurve.

$$Q = A \cdot k_{St} \cdot r_{hy}^{2/3} \cdot I^{1/2} \quad \text{mit} \quad r_{hy} = \frac{A}{l_u}$$

$$A = b \cdot h + m \cdot h^2 = b \cdot 3,5 + 1,5 \cdot 3,5^2 = b \cdot 3,5 + 18,375$$

$$l_u = b + 2 \cdot h \cdot \sqrt{1 + m^2} = b + 2 \cdot 3,5 \cdot \sqrt{1 + 1,5^2} = b + 12,62$$

Die Auswertung der Gleichungen ergibt für verschiedene Sohlbreiten die folgende Schlüsselkurve:

b	[m]	5	10	15
Q	[m³/s]	38,61	63,38	89,00

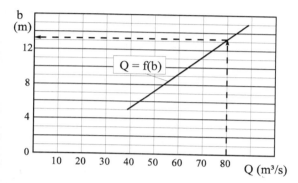

Für Q = 80 m³/s liest man b = 13,25 m ab.

b)

Sollte der vorliegende Querschnitt ein hydraulisch günstiges Trapezprofil sein, so müsste gelten:

$$r_{hy} = \frac{h}{2}$$

Überprüfung :

$$r_{hy} = \frac{b \cdot 3,5 + 18,375}{b + 12,62} = \frac{13,25 \cdot 3,5 + 18,375}{13,25 + 12,62} = 2,50 \ m \neq \frac{h}{2} = \frac{3,5}{2} = 1,75 \ m$$

Es liegt also kein hydraulisch günstiger Querschnitt vor. Einen hydraulisch günstigen Querschnitt erhält man, wenn die Böschungsneigung $\pi/3 = 60°$ bzw. 1 : m = 1 : 0,5774 beträgt und in den Querschnitt ein Halbkreis so einbeschrieben werden kann, dass die Seiten an diesem Halbkreis tangieren. Das entsprechende Profil hätte bei einer vorgegebenen Wassertiefe von h = 3,5 m eine Sohlbreite von b = 4,27 m und eine Fließfläche von A = 23,70 m². Es könnte nur eine Wasserdurchfluss von Q = 24,5 m³/s realisiert werden.

6.3   Fließbewegung bei Querschnittsänderung

Aufgabe 6.3.1: In einem Gerinne mit rechteckigem Fließquerschnitt ist ein *Venturi*-Kanal zur Durchflussmessung eingebaut. Die Gerinnebreite ist $b_1 = 400$ mm, die Breite im engsten Querschnitt ist $b_2 = 150$ mm.
a) Es ist die Abhängigkeit des Durchflusses Q von der Energiehöhe h_E vor der Verengung zu bestimmen.
b) Wie groß ist der Durchfluss bei einer gemessenen Oberwassertiefe von $h_1 = 250$ mm?

Anmerkung zur Funktionsweise des Venturi-Kanals:

Durch die Querschnittseinengung wird eine Wasserspiegelabsenkung erzwungen. Werden die Wassertiefen vor und in dem eingeengten Querschnitt gemessen, so kann mittels *Bernoulli*-Gleichung und Kontinuitätsbeziehung der Durchfluss berechnet werden. Im Anwendungsfall wird der *Venturi*-Kanal aber so bemessen, dass bei den zu erwartenden Durchflüssen im eingeengten Querschnitt gerade ein Fließwechsel vom Strömen zum Schießen auftritt. Unter Zuhilfenahme dieser zusätzlichen Bedingung kann der Durchfluss alleine aus der Wassertiefe h_1 oberhalb der Verengung berechnet werden (wie nachfolgend gezeigt wird).

Daraus ergibt sich allerdings die Bedingung, dass durch die Lage des Unterwasserspiegels kein Rückstau erfolgt, der einen Fließwechsel verhindert. Bei horizontal durchgehender ebener Sohle ist diese Bedingung i. Allg. eingehalten, wenn die Wassertiefe h_u im Unterwasser weniger als die 0,75-fache Wassertiefe im Oberwasser beträgt ($z > 0,25 \cdot h_1$, vgl. *Technische Hydromechanik/1, S. 314*).

Der nachfolgenden Berechnung liegt außerdem die Annahme zugrunde, dass zwischen der Messstelle für die Oberwassertiefe und dem Ort des Fließwechsels keine Energieverluste auftreten.

Längsschnitt

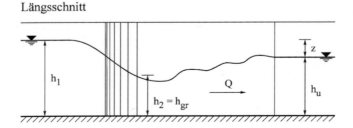

Lösung:

a) Die *Bernoulli*-Gleichung für die Schnitte 1 und 2 ergibt:

$$h_E = h_1 + \frac{v_1^2}{2g} = h_2 + \frac{v_2^2}{2g} \quad \Rightarrow \quad v_2 = \sqrt{2g \cdot (h_E - h_2)}$$

Im eingeengten Querschnitt soll die Grenztiefe auftreten, diese beträgt gleich 2/3 der Energiehöhe h_E (vgl. *Technische Hydromechanik/1, S. 275*):

$$h_2 = \frac{2}{3} \cdot h_E$$

Der Durchfluss ergibt sich damit zu:

$$Q = b_2 \cdot h_2 \cdot v_2 = b_2 \cdot \frac{2}{3} \cdot h_E \cdot \sqrt{2g \cdot \left(h_E - \frac{2}{3} \cdot h_E\right)}$$

$$\underline{\underline{Q(h_E) = \frac{2}{3 \cdot \sqrt{3}} \cdot \sqrt{2g} \cdot b_2 \cdot h_E^{3/2}}}$$

Für $b_2 = 150$ mm ergibt sich:

$$Q = \frac{2}{3 \cdot \sqrt{3}} \cdot \sqrt{2 \cdot 9{,}81} \cdot 0{,}15 \cdot h_E^{3/2}$$

$$\underline{\underline{Q = 0{,}256 (m^{3/2}/s) \cdot h_E^{3/2}}}$$

b) Da am Beginn der Berechnung der Durchfluss und damit Fließgeschwindigkeit und Energiehöhe nicht bekannt sind, erhält man das Ergebnis mittels Iteration. Als erste Näherung wird dabei $h_E = h_1$ gesetzt.

1. Näherung:

$$h_E = h_1 = 0{,}25 \, m$$

$$Q = 0{,}256 \cdot 0{,}25^{3/2} = 0{,}0319 \, m^3/s$$

2. Näherung:

$$h_E = h_1 + \frac{v_1^2}{2g} = h_1 + \frac{Q^2}{2g \cdot b_1^2 \cdot h_1^2}$$

$$h_E = 0,25 + \frac{0,0319^2}{2 \cdot 9,81 \cdot 0,4^2 \cdot 0,25^2} = 0,2552$$

$$Q = 0,256 \cdot 0,2552^{3/2} = 0,0330 \text{ m}^3/\text{s}$$

3. Näherung:

$$h_E = 0,25 + \frac{0,0330^2}{2 \cdot 9,81 \cdot 0,4^2 \cdot 0,25^2} = 0,2555$$

Die geringe Differenz der Energiehöhen zwischen 2. und 3. Näherung von 0,3 mm ist vernachlässigbar.
Als Ergebnis erhält man mit ausreichender Genauigkeit aus der 2. Näherung:

$$Q = \underline{\underline{0,033 \text{ m}^3/\text{s} = 33 \text{ l/s}}} \qquad h_{gr1} = 0,885 \text{ m} \qquad h_{gr2} = 0,17 \text{ m}$$

Die dargestellte theoretische Ableitung wird umgangen, wenn die vereinfachte Formel für den Durchfluss im *Venturi*-Kanal verwendet wird, womit auch die Iterationsrechnung entfällt:

$$Q = \mu \cdot C \cdot b_2 \cdot \sqrt{g} \cdot h_1^{3/2}$$

Der Beiwert μ berücksichtigt die Energieverluste infolge zusätzlicher Turbulenz. Das Breitenverhältnis wird mit dem Faktor C erfasst. Mit den Angaben in *Technische Hydromechanik/1, S. 313 f.* erhält man:

$$\mu = 0,985$$

$$\frac{b_2}{b_1} = \frac{150}{400} = 0,375 \Rightarrow C = 0,565$$

$$Q = 0,985 \cdot 0,565 \cdot 0,15 \cdot \sqrt{9,81} \cdot 0,25^{3/2}$$

$$Q = \underline{\underline{0,0327 \text{ m}^3/\text{s} = 33 \text{ l/s}}}$$

Aufgabe 6.3.2: In einem rechteckförmigen Gerinne mit einer Breite von b = 10 m ist eine negative Sohlstufe (Sohlabsturz) mit einer Absturzhöhe von d = 0,75 m eingebaut. In dem Gerinne tritt bei einem Abfluss von Q = 70 m³/s oberhalb der Stufe eine Wassertiefe von h_0 = 2,642 m auf. Ermitteln Sie die Energieverlusthöhe an der Sohlstufe und die Wassertiefe unterhalb der Stufe!

Lösung: Der spezifische Abfluss im Gerinne beträgt

$$q = \frac{Q}{b} = \frac{70}{10} = 7 \; \frac{m^3}{s \cdot m}$$

Daraus ergibt sich eine Grenztiefe von

$$h_{gr} = \sqrt[3]{\frac{q^2}{g}} = \sqrt[3]{\frac{7^2}{9,81}} = 1,709 \; m$$

Der Abfluss in dem Gerinne erfolgt also im strömenden Bereich ($h_0 > h_{gr}$). Unterhalb der Sohlstufe ist also mit einer Anhebung des Wasserspiegels zu rechnen.

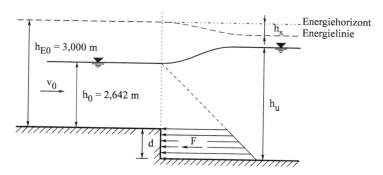

Setzt man für die Druckkraft auf die Stufe näherungsweise

$$F = \frac{1}{2} \cdot \rho \cdot g \cdot d \cdot (2 \cdot h_0 + d) \qquad \text{bzw.} \qquad F = \frac{1}{2} \cdot C \cdot \rho \cdot g \cdot d \cdot (h_u - h_0)$$

dann folgt für den Beiwert C:

$$C = \frac{2 + \dfrac{d}{h_0}}{\dfrac{h_u}{h_0} - 1}$$

Aus dem Impulssatz folgt weiter (vgl. *Technische Hydromechanik/1, S. 305*):

$$\frac{h_u}{h_0} = \frac{1}{2}\left[\sqrt{8\cdot Fr_0^2 + \left(1 - C\cdot\frac{d}{h_0}\right)^2} - \left(1 - C\cdot\frac{d}{h_0}\right)\right]$$

$$\text{mit } Fr_0 = \frac{v_0}{\sqrt{g\cdot h_0}} = \frac{q}{h_0\cdot\sqrt{g\cdot h_0}} = \frac{7}{2,642\cdot\sqrt{9,81\cdot 2,642}} = 0,520$$

$$\text{Aus } C = \frac{2 + \dfrac{0,75}{2,642}}{\dfrac{h_u}{h_0} - 1} \quad \text{und}$$

$$\frac{h_u}{h_0} = \frac{1}{2}\cdot\left[\sqrt{8\cdot 0,52^2 + \left(1 - C\cdot\frac{0,75}{2,642}\right)^2} - \left(1 - C\cdot\frac{0,75}{2,642}\right)\right]$$

erhält man durch Iteration

$$\frac{h_u}{h_0} = 1,336 \quad \text{bzw.} \quad h_u = 2,642\cdot 1,336 = 3,529 \text{ m}$$

Die Wassertiefe unterhalb der Sohlstufe beträgt damit 3,529 m.
Die Wasserspiegellage wird dadurch um

$$3,529 - 0,750 - 2,642 = 0,137 \text{ m} \qquad \text{angehoben.}$$

Die Energieverlusthöhe h_s erhält man aus (vgl. *Technische Hydromechanik/1, S. 304f.*):

$$\frac{h_s}{h_0} = \frac{Fr_0^2}{2}\left(1 - \left(\frac{h_0}{h_u}\right)^2\right) + 1 - \frac{h_u}{h_0} + \frac{d}{h_0}$$

$$\frac{h_s}{h_0} = \frac{0,52^2}{2}\cdot\left(1 - \left(\frac{2,642}{3,529}\right)^2\right) + 1 - \frac{3,529}{2,642} + \frac{0,75}{2,642}$$

$$\frac{h_s}{h_0} = 0,008 \quad \text{bzw.} \quad h_s = 0,008\cdot 2,642 = 0,021 \text{ m}$$

Aufgabe 6.3.3: Gegeben ist der Betriebswasserkanal eines Wasserkraftwerkes. Der Durchfluss beträgt Q = 18 m³/s, die Wassertiefe h = 2,0 m, die Breite des Rechteckgerinnes b = 6 m. Zur Durchführung von Reparaturarbeiten an der Seitenwand soll ein Fangedamm mit rechteckigem Grundriss errichtet werden.
a) Wie groß darf das Maß b_G (siehe Skizze) höchstens sein, wenn der Aufstau stromaufwärts der Einengung nicht größer als z = 20 cm sein soll?
b) Es ist nachzuweisen, dass im Bereich des Fangedammes kein schießender Abfluss auftritt.
c) Wie groß ist der Energieverlust infolge der Einengung des Gerinnes?

Draufsicht

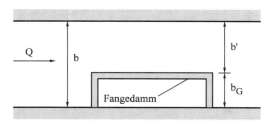

Lösung: a) Wenn vorerst vorausgesetzt wird, dass im eingeengten Fließquerschnitt kein Fließwechsel auftritt (wie im Aufgabenteil **b)** nachzuweisen ist), so kann der Aufstau nach der Gleichung für den Pfeilerstau nach *Rehbock* (vgl. *Technische Hydromechanik/1, S. 309 ff.*) bestimmt werden zu:

$$z = [\delta \cdot (1 - \alpha) + \alpha] \cdot (0,4 \cdot \alpha + \alpha^2 + 9 \cdot \alpha^4) \cdot (1 + Fr_u^2) \cdot \frac{v_u^2}{2g}$$

Der Formbeiwert δ ist einer entsprechenden Tafel (z. B. *Technische Hydromechanik/1, S. 311*) zu entnehmen. Für einen rechteckigen Grundriss erhält man $\delta \approx 3,9$. Fließgeschwindigkeit und *Froude*-Zahl für den unverbauten Querschnitt ergeben sich zu:

$$v_u = \frac{Q}{b \cdot h_u} = \frac{18}{6 \cdot 2} = 1,5 \, m/s$$

$$Fr_u = \frac{v_u}{\sqrt{g \cdot h_u}} = \frac{1,5}{\sqrt{9,81 \cdot 2}} = 0,339$$

Die obenstehende Gleichung für z kann nicht direkt nach dem gesuchten Verbauungsverhältnis α umgestellt werden. Die Lösung wird deshalb mit dem *Newton*-Verfahren gefunden, wobei als Startwert $\alpha = 0,25$ gesetzt wird:

$$0 = [\delta \cdot (1 - \alpha) + \alpha] \cdot (0,4 \cdot \alpha + \alpha^2 + 9 \cdot \alpha^4) \cdot (1 + Fr_u^2) \cdot \frac{v_u^2}{2g} - z$$

$$f(\alpha) = 0 = (9 - 9 \cdot \delta) \cdot \alpha^5 + 9 \cdot \delta \cdot \alpha^4 + (1 - \delta) \cdot \alpha^3 + (0,4 + 0,6 \cdot \delta) \cdot \alpha^2$$
$$+ 0,4 \cdot \delta \cdot \alpha - \frac{2g \cdot z}{(1 + Fr_u^2) \cdot v_u^2}$$

$$f'(\alpha) = 0 = (45 - 45 \cdot \delta) \cdot \alpha^4 + 36 \cdot \delta \cdot \alpha^3 + (3 - 3 \cdot \delta) \cdot \alpha^2 + (0,8 + 1,2 \cdot \delta) \cdot \alpha$$
$$+ 0,4 \cdot \delta$$

$$\alpha_{i+1} = \alpha_i - \frac{f(\alpha_i)}{f'(\alpha_i)}$$

i	α	$f(\alpha)$	$f'(\alpha)$	$f(\alpha)/f'(\alpha)$
0	0,25	-0,9370	4,0702	-0,2302
1	0,480	0,6953	10,7933	0,06442
2	0,416	0,07403	8,5264	0,008682
3	0,407	0,001257	8,2376	0,0001526
4	0,407			

Es kann jetzt die Breite b' im eingeengten Querschnitt ermittelt werden:

$$\alpha = 1 - \frac{b'}{b} \quad \rightarrow \quad b' = b \cdot (1 - \alpha) = 6 \cdot (1 - 0,407) = 3,56 \, m$$

Damit erhält man für die maximale Breite der Baugrube:

$$b_G = b - b' = 6 - 3,56 = \underline{\underline{2,44 \, m}}$$

b) Es wird überprüft, ob die vorhandene Energiehöhe unterhalb der Einengung größer ist als die minimale Energiehöhe im eingeengten Querschnitt. Ist das der Fall, kann kein Fließwechsel stattfinden, bei dem ja gerade die Grenztiefe und damit die minimale Energiehöhe auftreten würden.

Energiehöhe im Unterwasser:

$$h_{Eu} = h_u + \frac{v_u^2}{2g} = 2 + \frac{1,5^2}{2 \cdot 9,81} = 2,11 \, m$$

Minimale Energiehöhe im eingeengten Querschnitt:

$$h'_{E\,min} = \frac{3}{2} \cdot h_{gr} = \frac{3}{2} \cdot \sqrt[3]{\frac{Q^2}{g \cdot b'^2}} = \frac{3}{2} \cdot \sqrt[3]{\frac{18^2}{9,81 \cdot 3,56^2}} = 2,06\,m$$

Da $h'_{E\,min} < h_{Eu}$, kommt es im Bereich der Einschnürung zu keinem Fließwechsel. Es liegt strömender Abfluss vor.

c) Der Energieverlust (Verlusthöhe h_v) ergibt sich als Differenz der Energiehöhen vor und hinter der Einschnürung:

$$h_v = \left(h_o + \frac{v_o^2}{2g} \right) - \left(h_u + \frac{v_u^2}{2g} \right) = z + \frac{v_o^2 - v_u^2}{2g}$$

$$v_o = \frac{Q}{b \cdot (h_u + z)} = \frac{18}{6 \cdot (2 + 0,2)} = 1,364\,m/s$$

$$h_v = 0,2 + \frac{1,364^2 - 1,5^2}{2 \cdot 9,81} = 0,18\,m$$

6.4   Wechselsprung und Tosbeckenbemessung

Aufgabe 6.4.1: In einem offenen Gerinne wird ein spezifischer Durchfluss $q = 1{,}2$ m³/s · m abgeführt. Der *Strickler*-Beiwert beträgt $k_{St} = 55$ m$^{1/3}$/s. An einem Gefälleknickpunkt verringert sich die Sohlneigung von $I_1 = 1{,}5$ % auf $I_2 = 0{,}1$ %.
a) Es ist nachzuweisen, dass unmittelbar hinter dem Gefälleknickpunkt ein Wechselsprung auftritt (Anm.: Die Aufgabe ist als ebenes Problem zu betrachten).
b) Welche Form hat der Wechselsprung?

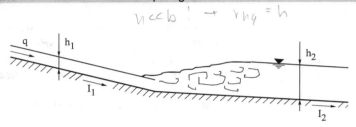

Lösung:
a) Ein Wechselsprung tritt beim Übergang vom schießenden zum strömenden Abfluss auf. Es werden deshalb zuerst die vorhandenen Wassertiefen h_1 und h_2 vor und hinter dem Gefälleknickpunkt berechnet und mit der Grenztiefe h_{gr} verglichen. Mit der Annahme, dass in den beiden Gerinneabschnitten die Normalabflusstiefe vorliegt, kann die Fließformel nach *Manning-Strickler* verwendet werden. Man erhält damit für den ebenen Fall:

$$Q = k_{St} \cdot A \cdot r_{hy}^{2/3} \cdot I^{1/2}$$

$$q = k_{St} \cdot h \cdot h^{2/3} \cdot I^{1/2} \rightarrow h = \left(\frac{q}{k_{St} \cdot I^{1/2}} \right)^{3/5}$$

$$h_1 = \left(\frac{q}{k_{St} \cdot I_1^{1/2}} \right)^{3/5} = \left(\frac{1{,}2}{55 \cdot 0{,}015^{1/2}} \right)^{3/5} = 0{,}355 \text{ m}$$

$$h_2 = \left(\frac{q}{k_{St} \cdot I_2^{1/2}} \right)^{3/5} = \left(\frac{1{,}2}{55 \cdot 0{,}001^{1/2}} \right)^{3/5} = 0{,}800 \text{ m}$$

$$h_{gr} = \sqrt[3]{\frac{q^2}{g}} = \sqrt[3]{\frac{1{,}2^2}{9{,}81}} = 0{,}528 \text{ m}$$

$$h_1 < h_{gr} \quad \Rightarrow \quad \text{schießender Abfluss}$$

$$h_2 > h_{gr} \quad \Rightarrow \quad \text{strömender Abfluss}$$

Die Wassertiefen vor und hinter dem Wechselsprung stehen in einem Zusammenhang, der durch den Impulserhaltungssatz (Stützkraftsatz) bestimmt wird (vgl. *Technische Hydromechanik 1, S. 289 f.*).

$$\frac{h_2}{h_1} = \frac{1}{2} \cdot (\sqrt{1 + 8 \cdot Fr_1^2} - 1)$$

Der Wechselsprung tritt an der Stelle auf, an der die vorhandenen Wassertiefen dieser Bedingung genügen. Wenn, wie im Beispiel, die Wassertiefe h_1 am Beginn des Wechselsprunges gegeben ist, sind drei mögliche Fälle denkbar:
1. Die vorhandene Unterwassertiefe ist kleiner als h_2. Der Wechselsprung verlagert sich weiter stromabwärts.
2. Die vorhandenen Wassertiefen entsprechen der oben angeführten Beziehung. Es kommt zu einem Wechselsprung mit freier Deckwalze, beziehungsweise, bei kleinen *Froude*-Zahlen im schießenden Bereich, zu einem gewellten Wechselsprung.
3. Die vorhandene Unterwassertiefe ist größer als h_2. Der Wechselsprung wird überstaut.

Im vorliegenden Beispiel wird die zu h_1 erforderliche Unterwassertiefe h_2 berechnet.

$$h_2 = \frac{h_1}{2} \cdot (\sqrt{1 + 8 \cdot Fr_1^2} - 1)$$

$$Fr_1 = \frac{v_1}{\sqrt{g \cdot h_1}} = \frac{q}{h_1 \cdot \sqrt{g \cdot h_1}} = \frac{1,2}{0,355 \cdot \sqrt{9,81 \cdot 0,355}} = 1,81$$

$$h_2 = \frac{0,355}{2} \cdot (\sqrt{1 + 8 \cdot 1,81^2} - 1) = 0,748 \text{ m}$$

Die vorhandene Unterwassertiefe ist etwas größer:

$$h_u = \text{vorh} h_2 = 0,8 \text{ m} > \text{erf} h_2 = 0,75 \text{ m}$$

Der Wechselsprung wird also ungefähr am Gefälleknickpunkt gehalten und nur geringfügig nach stromauf zurückgestaut.

b) Die *Froude*-Zahl im Bereich des schießenden Abflusses beträgt $Fr_1 = 1,81$. Damit bildet sich ein Wechselsprung mit Deckwalze aus, der bei *Froude*-Zahlen größer als 1,71 beobachtet wird, wobei sich die Energieumwandlung weit in das Unterwasser erstreckt (vgl. *Technische Hydromechanik/1, S. 287 ff.*). Vom Unterwasser wird die Deckwalze leicht überstaut.

Hinweis: In der englischsprachigen Literatur wird als *Froude*-Zahl ohne besondere Kennzeichnung vielfach deren Quadrat verwendet.

Aufgabe 6.4.2: Für eine Wehranlage soll das Tosbecken bemessen werden. Die Wehrhöhe des festen Überfalles beträgt w = 4 m, als Überfallbeiwert soll μ = 0,7 konstant angenommen werden. Die bei der Überströmung des Überfalles auftretenden Reibungsverluste werden durch einen Energieverlustbeiwert φ = 0,9 berücksichtigt. Das Gerinne hat eine konstante Breite von b = 25 m. Im Unterwasser beträgt das Sohlgefälle I = 0,07 %. Das rechteckige Profil ist mit grobem Bruchsteinmauerwerk (*Strickler*-Beiwert k_{St} = 45 m$^{1/3}$/s) ausgekleidet. Der maximale Durchfluss ist Q_{max} = 250 m^3/s. Es ist die Eintiefung des ebenen Tosbeckens mit horizontaler Sohle so zu bemessen, dass der Einstaugrad η zwischen 1,05 und 1,15 liegt.

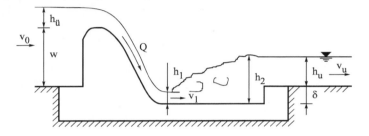

Lösung: Die erforderliche Eintiefung des Tosbeckens ergibt sich aus der Gleichung für die konjugierten Wassertiefen beim Wechselsprung (vgl. *Technische Hydromechanik 1, S. 289*). Ist die vorhandene Unterwassertiefe kleiner als die erforderliche, so muss das Tosbecken um die fehlende Differenzhöhe eingetieft werden. Dabei wird eine etwas größere als die erforderliche Schwellenhöhe δ gewählt, was einen leichten Rückstau des Wechselsprunges bewirkt und als Sicherheitsfaktor angesehen werden kann. Dieser sogenannte Einstaugrad η wird entweder auf die Wassertiefen vor und hinter der Tosbecken-endschwelle oder auf die Energiehöhen bezogen (hier Energiehöhe).

$$\eta \cdot \left(h_2 + \frac{v_2^2}{2g} \right) = h_u + \frac{v_u^2}{2g} + \delta$$

Da die Wassertiefen h_2 und h_u vom Durchfluss Q abhängig sind, ändert sich so bei unterschiedlichen Durchflüssen auch der erforderliche Wert für δ. Es muss deshalb ein gewisser Bereich für η zugelassen werden. Ist η < 1, so wird der Wechselsprung nicht im Tosbecken gehalten, ist η zu groß, so ist die Energieumwandlung im Tosbecken auch schlecht, und die Sohle wird noch weit bis in das Unterwasser durch starke Turbulenzen belastet. Es wird deshalb im Folgenden die Eintiefung δ in Abhängigkeit vom Durchfluss und vom Einstaugrad berechnet und letztendlich ein optimaler Wert für δ bestimmt.

Zuerst folgt die allgemeine Lösung, während anschließend die Rechenergebnisse in Tabellenform und grafisch dargestellt werden.

Die Eingangsparameter – Wassertiefe und Fließgeschwindigkeit – am Beginn des Tosbeckens können mit Hilfe der *Bernoulli*-Gleichung und des Kontinuitätsgesetzes berechnet werden, wobei die Energieverluste beim Überströmen des Wehrrückens berücksichtigt werden.

$$\varphi \cdot \left(h_{ü} + w + \delta + \frac{v_0^2}{2g} \right) = h_1 + \frac{v_1^2}{2g}$$

$$(h_{ü} + w) \cdot v_0 = h_1 \cdot v_1$$

Aus vorgegebenen Durchflusswerten Q können mit der *Poleni*-Formel (vgl. *Technische Hydromechanik 1, S. 403*) die Überfallhöhe $h_{ü}$ und damit die Zulaufgeschwindigkeit v_0 zum Wehr berechnet werden.

$$Q = \frac{2}{3} \cdot \mu \cdot \sqrt{2g} \cdot b \cdot h_{ü}^{3/2} \rightarrow h_{ü} = \left(\frac{3 \cdot Q}{2 \cdot \mu \cdot \sqrt{2g} \cdot b} \right)^{2/3}$$

$$v_0 = \frac{Q}{(h_{ü} + w) \cdot b}$$

Man erhält eine Gleichung 3. Grades für v_1, die durch Iteration, das *Newton*sche Näherungsverfahren oder mit Hilfe der *Cardani*schen Formel gelöst werden kann, was hier nicht näher erläutert wird.

$$0 = v_1^3 - v_1 \cdot 2g \cdot m \cdot \left(h_{ü} + w + \delta + \frac{v_0^2}{2g} \right) + 2g \cdot (h_{ü} + w) \cdot v_0$$

Die Wassertiefe am Beginn des Wechselsprunges ergibt sich zu:

$$h_1 = \frac{Q}{b \cdot v_1}$$

Da die Eintiefung anfänglich nicht bekannt ist, wird als erste Näherung $\delta = 0$ angenommen. Durch Wiederholung der gesamten Berechnung ist δ dann iterativ zu verbessern.

Als nächster Schritt wird die zu h_1 konjugierte Wassertiefe h_2 berechnet.

$$h_2 = \frac{h_1}{2} \cdot (\sqrt{1 + 8 \cdot Fr_1^2} - 1) \quad \text{mit} \quad Fr_1 = \frac{v_1}{\sqrt{g \cdot h_1}}$$

Nun muss die zum oben ermittelten Durchfluss gehörige Unterwassertiefe h_u mit einer Fließformel bestimmt werden. Es wird die Formel nach *Manning-Strickler* verwendet.

Diese kann nicht direkt nach der gesuchten Größe umgestellt werden. Zur Lösung wird das *Newton*sche Näherungsverfahren benutzt.

$$Q = k_{St} \cdot A \cdot r_{hy}^{2/3} \cdot I^{1/2}$$

$$A = b \cdot h_u \qquad r_{hy} = \frac{b \cdot h_u}{b + 2 \cdot h_u}$$

$$h_{u,i+1} = h_{u,i} - \frac{f(h_{u,i})}{f'(h_{u,i})} = h_{u,i} - \frac{k_{St}^3 \cdot b^5 \cdot h^5 \cdot I^{3/2} - Q^3 \cdot (b + 2 \cdot h)^2}{k_{St}^3 \cdot b^5 \cdot 5 \cdot h^4 \cdot I^{3/2} - Q^3 \cdot 4 \cdot (b + 2 \cdot h)}$$

Als Startwert kann jeweils $h_{u,0} = h_2$ verwendet werden. Danach wird die Eintiefung δ neu berechnet.

$$\delta = \eta \cdot \left(h_2 + \frac{v_2^2}{2g} \right) - h_u + \frac{v_u^2}{2g}$$

Nun können die Eingangsparameter für das Tosbecken korrigiert werden. Die Iterationsrechnung ist so lange fortzuführen, bis sich δ nur noch um wenige Zentimeter verändert. In den folgenden Tabellen sind die Berechnungsergebnisse angegeben.

Einstaugrad $\eta_1 = 1,05$

1. Iterationsschritt								2. Iterationsschritt		3. Iterationsschritt	
Q	$h_ü$	v_0	v_1	h_1	h_2	h_u	δ	v_1	δ	v_1	δ
(m^3/s)	(m)	(m/s)	(m/s)	(m)	(m)	(m)	(m)	(m/s)	(m)	(m/s)	(m)
1	0,07	0,01	8,47	0,005	0,26	0,13	0,14	8,62	0,14	8,62	0,14
2	0,11	0,02	8,51	0,01	0,37	0,20	0,18	8,70	0,19	8,70	0,19
5	0,21	0,05	8,60	0,02	0,58	0,35	0,25	8,85	0,26	8,86	0,26
10	0,33	0,09	8,70	0,05	0,82	0,53	0,32	9,01	0,33	9,03	0,33
20	0,53	0,18	8,85	0,09	1,16	0,81	0,38	9,22	0,41	9,25	0,41
50	0,98	0,40	9,15	0,22	1,83	1,43	0,46	9,59	0,51	9,64	0,51
100	1,55	0,72	9,50	0,42	2,58	2,21	0,46	9,94	0,53	10,00	0,54
150	2,03	0,99	9,77	0,61	3,16	2,87	0,42	10,17	0,50	10,24	0,51
200	2,47	1,24	9,99	0,80	3,66	3,46	0,37	10,33	0,44	10,40	0,45
250	2,86	1,46	10,19	0,98	4,09	4,01	0,29	10,46	0,36	10,52	0,37

Einstaugrad $\eta_2 = 1,15$

1. Iterationsschritt								2. Iterationsschritt		3. Iterationsschritt	
Q (m^3/s)	$h_ü$ (m)	v_0 (m/s)	v_1 (m/s)	h_1 (m)	h_2 (m)	h_u (m)	δ (m)	v_1 (m/s)	δ (m)	v_1 (m/s)	δ (m)
1	0,07	0,01	8,47	0,005	0,26	0,13	0,17	8,65	0,17	8,65	0,17
2	0,11	0,02	8,51	0,01	0,37	0,20	0,22	8,74	0,22	8,74	0,22
5	0,21	0,05	8,60	0,02	0,58	0,35	0,31	8,91	0,32	8,92	0,32
10	0,33	0,09	8,70	0,05	0,82	0,53	0,40	9,10	0,42	9,12	0,42
20	0,53	0,18	8,85	0,09	1,16	0,81	0,50	9,34	0,54	9,38	0,54
50	0,98	0,40	9,15	0,22	1,83	1,43	0,64	9,77	0,72	9,84	0,73
100	1,55	0,72	9,50	0,42	2,58	2,21	0,73	10,19	0,85	10,29	0,87
150	2,03	0,99	9,77	0,61	3,16	2,87	0,76	10,47	0,90	10,60	0,93
200	2,47	1,24	9,99	0,80	3,66	3,46	0,76	10,69	0,92	10,83	0,95
250	2,86	1,46	10,19	0,98	4,09	4,01	0,73	10,86	0,90	11,01	0,94

Es ist zu erkennen, dass die Bemessung des Tosbeckens nicht immer zum richtigen Ergebnis führt, wenn nur der Fall des Maximalabflusses betrachtet wird. Unter Umständen kann so eine zu geringe Eintiefung ermittelt werden, was dann bei kleineren Abflüssen ein Versagen des Tosbeckens zur Folge hat. Aus der grafischen Darstellung kann eine optimale Eintiefung $\delta_{opt} = 0,55$ m abgelesen werden.

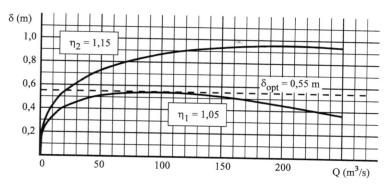

Die Genauigkeit, mit der hier scheinbar gerechnet wird, ist kritisch zu bewerten, da einige Eingangsdaten der Aufgabenstellung im praktischen Anwendungsfall mit Unsicherheiten behaftet sind. Das trifft insbesondere auf den Energieverlust infolge Reibung auf dem Überfallrücken und auf den Rauheitsbeiwert für das Unterwasser zu. Es wären also unter Umständen weitere Variantenrechnungen (Sensitivitätsanalyse) erforderlich.

6.5 Stationär ungleichförmiges Fließen; Stau- und Senkungslinien

Aufgabe 6.5.1: Der Ablaufstollen einer Hochwasserentlastungsanlage hat einen rechteckigen Querschnitt mit einer Breite von b = 5,6 m, einer Länge von L = 200 m und einem Gefälle von I = 1 %. Der Rauheitsbeiwert nach *Manning-Strickler* beträgt k_{St} = 60 $m^{1/3}$/s. Bei einem Abfluss von Q = 250 m^3/s beträgt die Fließgeschwindigkeit am Beginn des Stollens v_0 = 23,6 m/s. Es ist der Verlauf der Wasserspiegellinie im Stollen zu berechnen.

Lösung: Zur Ermittlung der Wasserspiegellage bei ungleichförmigem Abfluss ist es erforderlich, anhand der vorliegenden Fließart (Schießen oder Strömen) die „Berechnungsrichtung" festzulegen. Die Fließart wird über den Vergleich der vorhandenen Wassertiefe mit der Grenztiefe bestimmt:

$$h_0 = \frac{Q}{v_0 \cdot b} = \frac{250}{23,6 \cdot 5,6} = 1,89 \text{ m}$$

$$h_{gr} = \sqrt[3]{\frac{Q^2}{g \cdot b^2}} = \sqrt[3]{\frac{250^2}{9,81 \cdot 5,6^2}}$$

$$h_{gr} = 5,88 \text{ m} > h_0 = 1,89 \text{ m} \qquad \Rightarrow \quad \text{schießender Abfluß}$$

Damit erfolgt die Berechnung in Fließrichtung.

Weiterhin muss bekannt sein, ob es sich um verzögerten oder beschleunigten Abfluss handelt. Diese Frage wird über den Vergleich zwischen vorhandener Wassertiefe h_0 und Normalabflusstiefe h (Berechnung mit Fließformel nach *Manning-Strickler*) geklärt:

$$Q = k_{St} \cdot A \cdot r_{hy}^{2/3} \cdot I^{1/2} = k_{St} \cdot b \cdot h \cdot \left(\frac{b \cdot h}{b + 2 \cdot h}\right)^{2/3} \cdot I^{1/2}$$

Diese Gleichung kann nicht explizit nach der Wassertiefe h umgestellt werden. Eine Lösung kann z. B. mit dem *Newton*schen Näherungsverfahren erfolgen. Man erhält:

$$0 = h^{5/2} \cdot \frac{k_{St}^{3/2} \cdot b^{5/2} \cdot I^{3/4}}{Q^{3/2}} - 2 \cdot h - b = h^{5/2} \cdot \frac{60^{3/2} \cdot 5,6^{5/2} \cdot 0,01^{3/4}}{250^{3/2}} - 2 \cdot h - 5,6$$

$$f(h) = 0,2759 \cdot h^{5/2} - 2 \cdot h - 5,6$$

$$f'(h) = 0,6898 \cdot h^{3/2} - 2$$

Iteration:

$$h_{i+1} = h_i - \frac{f(h_i)}{f'(h_i)}$$

Anfangswert: h = 4,00 m

i	h_i	$f(h_i)$	$f'(h_i)$	$f(h_i)/f'(h_i)$
–	(m)	(m)	–	(m)
0	4,00	–4,7712	3,5184	–1,3561
1	5,36	2,0054	6,5505	0,3061
2	5,05	0,1113	5,8280	0,0191
3	5,03	0,0004	5,7836	0,0001
4	5,03			

$$h = 5,03 \text{ m} > h_0 = 1,89 \text{ m}$$

Im Stollen liegt also verzögerter Abfluss vor. Die Wassertiefe muss von h_0 ausgehend ansteigen (Bezeichnungen siehe Skizze).

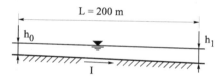

Die Berechnung der Wasserspiegellage kann nach unterschiedlichen Verfahren erfolgen. Eine Möglichkeit ist das Δx-Verfahren, bei dem die zu einer vorgegebenen Wassertiefenänderung Δh gehörige Fließstrecke Δx berechnet wird:

$$\Delta x = \frac{\Delta h + \varepsilon \cdot \dfrac{v_m}{g} \cdot \Delta v}{I_0 - \dfrac{v_m^2}{k_{St}^2 \cdot r_{hy,m}^{4/3}}}$$

$$v_m = \frac{v_i + v_{i+1}}{2} \qquad \Delta v = v_{i+1} - v_i \qquad r_{hy,m} = \frac{r_{hy,i} + r_{hy,i+1}}{2}$$

Aufgrund der sehr allmählichen Erweiterung des Fließquerschnitts ist $\varepsilon = 1$. Da zu Beginn der Berechnung die Wassertiefe h_1 am Stollenende noch nicht bekannt ist, muss durch eine entsprechende Variation der Δh-Werte die Gesamtlänge L des Stollens erreicht werden.

Die Berechnung erfolgt in Tabellenform.

lfd. Nr.	h	Δh	r_{hy}	$r_{hy, m}$	v	v_m	Δv	Δx	$\Sigma\Delta x$
i	(m)	(m)	(m)	(m)	(m/s)	(m/s)	(m/s)	(m)	(m)
0	1,892		1,129		23,60				0
1	2,000	0,108	1,167	1,148	22,32	22,96	−1,28	25,83	25,83
2	2,100	0,100	1,200	1,184	21,26	21,79	−1,06	23,66	49,49
3	2,200	0,100	1,232	1,216	20,29	20,78	−0,97	23,72	73,21
4	2,300	0,100	1,263	1,248	19,41	19,85	−0,88	23,52	96,73
5	2,400	0,100	1,292	1,278	18,60	19,01	−0,81	23,56	120,29
6	2,500	0,100	1,321	1,306	17,86	18,23	−0,74	23,33	143,62
7	2,600	0,100	1,348	1,334	17,17	17,52	−0,69	23,56	167,18
8	2,700	0,100	1,375	1,362	16,53	16,85	−0,64	23,66	190,84
9	*2,800*	*0,100*	*1,400*	*1,388*	*15,94*	*16,24*	*−0,59*	*23,49*	*214,33*
8a	2,740	0,040	1,385	1,380	16,29	16,41	−0,24	9,34	200,18

Die Wassertiefe am Stollenende beträgt $h_1 = 2,74$ m. Zwischenwerte können der Tabelle entnommen werden.

Zum Vergleich wird nun die Berechnung nach dem Δx-Verfahren mit nur einem Berechnungsschritt durchgeführt:

$$\Delta h = h_1 - h_0 = 2,74 - 1,89 = 0,85 \text{ m}$$

$$v_m = \frac{23,60 + 16,29}{2} = 19,95 \text{ m/s}$$

$$\Delta v = 16,29 - 23,60 = -7,31 \text{ m/s}$$

$$r_{hy,m} = \frac{1,129 + 1,385}{2} = 1,257 \text{ m}$$

$$\Delta x = \frac{0,85 + 1 \cdot \dfrac{19,95}{9,81} \cdot (-7,31)}{0,01 - \dfrac{19,95}{60^2 \cdot 1,257^{4/3}}} = 196,04 \text{ m}$$

Die Abweichung ist gering, was auf den nahezu geradlinigen Verlauf des Wasserspiegels zurückzuführen ist, und kann in diesem Fall vernachlässigt werden.

Aufgabe 6.5.2: Für eine Talsperre wird die Hochwasserentlastungsanlage entworfen. Wie aus dem dargestellten schematischen Längsschnitt ersichtlich, besteht sie aus der Sammelrinne, einem Übergangsgerinne, der Schussrinne und dem anschließenden Tosbecken. Es ist die Wassertiefe h_1 am Ende der Sammelrinne zu berechnen, wenn der Abfluss $Q = 20\ m^3/s$ und die Länge des Übergangsgerinnes $L_1 = 70\ m$ betragen.

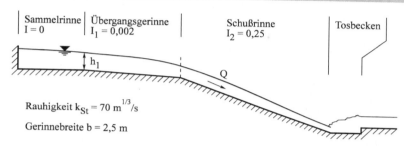

Lösung: Zuerst wird die Fließart in den beiden Gerinneabschnitten bestimmt. Dazu wird die Normalabflusstiefe berechnet und mit der Grenztiefe verglichen. Da die Fließformel nach *Manning-Strickler* nicht direkt nach h umgestellt werden kann, erfolgt die Lösung mit dem *Newton*schen Näherungsverfahren, was hier nicht näher dargestellt wird.

$$Q = k_{St} \cdot b \cdot h \cdot \left(\frac{b \cdot h}{b + 2 \cdot h}\right)^{2/3} \cdot I^{1/2} = 70 \cdot 2,5 \cdot h \cdot \left(\frac{2,5 \cdot h}{2,5 + 2 \cdot h}\right)^{2/3} \cdot I^{1/2} = 20\ m^3/s$$

$$h_{gr} = \sqrt[3]{\frac{Q^2}{g \cdot b^2}} = \sqrt[3]{\frac{20^2}{9,81 \cdot 2,5^2}} = 1,87\ m$$

für $I_1 = 0,002 \quad \Rightarrow \quad h_{0,1} = 2,82\ m > h_{gr} \quad \Rightarrow \quad$ Strömen

für $I_2 = 0,25 \quad \Rightarrow \quad h_{0,2} = 0,47\ m < h_{gr} \quad \Rightarrow \quad$ Schießen

Der Fließwechsel vom strömenden zum schießenden Abfluss erfolgt am Gefälleknickpunkt. Damit ist die Wassertiefe an diesem Punkt bekannt. Vom Ende der Sammelrinne bis zum Gefälleknickpunkt bildet sich also eine Senkungslinie aus. Aus der analytischen Beziehung zur Berechnung der Senkungslinienlänge (vgl. *Technische Hydromechanik/1, S. 319 ff.*) kann nun die gesuchte Wassertiefe h_1 bestimmt werden. Zu diesem Zweck wird die Funktion $L_1 = f(h_1)$ grafisch dargestellt und für die gegebene Länge L_1 der Wert für h_1 abgelesen. Eine direkte Lösung der Gleichung ist nicht möglich.

$$L_1 = \frac{h_{0,1}}{I_1} \cdot \left[\frac{h_{gr}}{h_{0,1}} - \frac{h_1}{h_{0,1}} + \kappa \cdot \left(f\left(\frac{h_1}{h_{0,1}}\right) - f\left(\frac{h_{gr}}{h_{0,1}}\right)\right)\right]$$

$$\kappa = 1 - \frac{Q^2}{g \cdot A_{0,1}^2 \cdot h_0} \quad \text{(Rechteckquerschnitt)}$$

$$\text{mit } A_{0,1} = b \cdot h_{0,1} = 2,5 \cdot 2,82 = 7,05 \text{ m}^2$$

$$\kappa = 1 - \frac{20^2}{9,81 \cdot 7,05^2 \cdot 2,82} = 0,7091$$

$$\text{und} \quad f \cdot \left(\frac{h}{h_{0,1}}\right) = \frac{1}{6} \cdot \ln\left[\frac{\left(\frac{h}{h_{0,1}}\right)^2 + \left(\frac{h}{h_{0,1}}\right) + 1}{\left(\frac{h}{h_{0,1}} - 1\right)^2}\right] + \frac{1}{\sqrt{3}} \cdot \arctan\left(\frac{1 + 2 \cdot \frac{h}{h_{0,1}}}{\sqrt{3}}\right)$$

$$f \cdot \left(\frac{h_{gr}}{h_{0,1}}\right) = f \cdot \left(\frac{1,87}{2,82}\right) = f \cdot (0,662) = 1,023$$

h_1	$f(h_1/h_{0,1})$	L_1
(m)	–	(m)
1,9	1,039	0,167
2,0	1,092	3,177
2,1	1,150	10,810
2,2	1,214	24,574
2,3	1,286	46,776
2,4	1,370	81,201
2,5	1,474	134,752

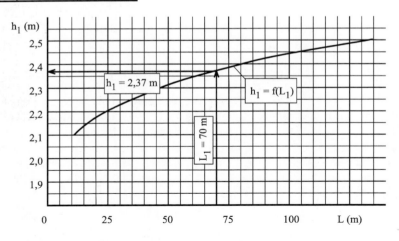

Die Wassertiefe am Ende der Sammelrinne beträgt $h_1 = 2,37$ m.

7 Instationäre Strömungen in Rohrleitungen und Gerinnen

7.1 Druckstoß in Rohrleitungen

Aufgabe 7.1.1: Für das im Schema angegebene Überleitungssystem werden Stahlrohre mit einer absoluten Rauheit $k = 2,0$ mm und einer Zugfestigkeit von $\sigma_z = 140$ N/mm^2 verwendet. Die Wassertemperatur beträgt $T_W = 20$ °C, der Dampfdruck des Wassers $p_{D(20\,°C)} = 23,3$ hPa und die Geschwindigkeit der Druckwellenfortpflanzung $c = 1000$ m/s. Bestimmen Sie:

a) den maximal möglichen Durchfluss Q_{max} durch die Rohrleitung,

b) den maximalen Durchfluss Q_1, wenn am Gefälleknickpunkt B ein Wasserschloss angeordnet ist, in welchem der kleinste Wasserstand noch 2,0 m über dem Rohrscheitel liegen soll, damit keine Luft angesaugt wird,

c) den maximalen Druckanstieg am Schieber bei Berücksichtigung der Verluste für das unter b) beschriebene System, wenn der Schieber im Punkt C nach einem linearen Schließgesetz den Querschnitt in $t = 12$ s vollständig schließt (Wasserstandsschwankungen im Wasserschloss sind zu vernachlässigen),

d) die erforderliche Wandstärke s der Rohrleitung vor dem Schieber im Punkt C unter Berücksichtigung des maximalen Druckanstieges, welcher beim plötzlichen Schließen des Schiebers auftreten kann!

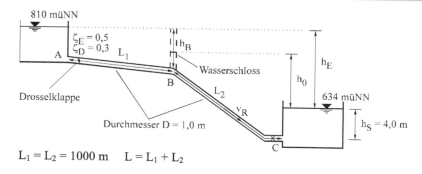

$L_1 = L_2 = 1000$ m $L = L_1 + L_2$

Lösung:

a) Wenn Krümmerverluste und Verluste des Flachschiebers vernachlässigt werden, folgt aus der *Bernoulli*-Gleichung:

$$h_E = (\zeta_E + \zeta_D) \cdot \frac{v_R^2}{2g} + \lambda \cdot \frac{L}{D} \cdot \frac{v_R^2}{2g} + \frac{v_R^2}{2g}$$

$$\frac{k}{D} = \frac{2}{1000} = 2 \cdot 10^{-3} \qquad Re = \infty \quad \Rightarrow \quad \lambda = 0{,}0235$$

$$v_R = \sqrt{\frac{2g \cdot h_E}{\zeta_E + \zeta_D + \lambda \cdot \frac{L}{D} + 1}} = \sqrt{\frac{2 \cdot 9{,}81 \cdot 176}{1{,}8 + 0{,}0235 \cdot \frac{2000}{1{,}0}}} = 8{,}41 \, \text{m}/\text{s}$$

$$Re = \frac{v_R \cdot D}{\nu} = \frac{8{,}41 \cdot 1{,}0 \cdot 10^6}{1{,}01} = 8{,}32 \cdot 10^6$$

$$\frac{k}{D} = 2 \cdot 10^{-3}$$

$$\lambda \approx 0{,}0235$$

Daraus folgt theoretisch für den maximalen Durchfluss:

$$Q_{max} = 8{,}41 \cdot \pi \cdot \frac{D^2}{4} = 6{,}66 \, \text{m}^3/\text{s}$$

Überprüfung des Druckes am Punkt B:

$$h_{EB} = h_B + \frac{D}{2} = (\zeta_E + \zeta_D) \cdot \frac{v_R^2}{2g} + \lambda \cdot \frac{L_1}{D} \cdot \frac{v_R^2}{2g} + \frac{v_R^2}{2g} + \frac{p_B}{\rho \cdot g}$$

$$\frac{p_B}{\rho \cdot g} = h_B + \frac{D}{2} - \frac{v_R^2}{2g} \cdot \left(1 + \zeta_E + \zeta_D + \lambda \cdot \frac{L_1}{D}\right)$$

$$\frac{p_B}{\rho \cdot g} = 10 + 0{,}5 - \frac{8{,}41^2}{2g} \cdot \left(1 + 0{,}5 + 0{,}3 + 0{,}0235 \cdot \frac{1000}{1{,}0}\right) = -80{,}74 \, \text{mWS}$$

Da der Dampfdruck p_D im Punkt B weit unterschritten wird, ist $Q_{max} = 6{,}66 \, \text{m}^3/\text{s}$ nicht möglich, d. h., dass der Schieber in C nicht voll geöffnet werden kann. Der Schieber darf nur bis zu einem Stellverhältnis geöffnet werden, bei dem der Absolutdruck am Punkt B noch größer als p_D ist. Der theoretische Grenzwert für Q_{max} ergibt sich daher aus:

$$\frac{p_D}{\rho \cdot g} + \frac{v_R^2}{2g} \cdot \left(1 + \zeta_E + \zeta_D + \lambda \cdot \frac{L_1}{D}\right) = h_B + \frac{D}{2} + \frac{p_0}{\rho \cdot g}$$

Luftdruckhöhe $\dfrac{p_0}{\rho \cdot g} = 10{,}33\ \text{mWS}$

$$v_R = \sqrt{\dfrac{\left(h_B + \dfrac{D}{2} + \dfrac{p_0}{\rho \cdot g} - \dfrac{p_D}{\rho \cdot g}\right) \cdot 2g}{1 + \zeta_E + \zeta_D + \lambda \cdot \dfrac{L_1}{D}}}$$

$$v_R = \sqrt{\dfrac{(10 + 0{,}5 + 10{,}33 - 0{,}238) \cdot 2 \cdot 9{,}81}{1 + 0{,}5 + 0{,}3 + 0{,}0235 \cdot \dfrac{1000}{1{,}0}}} = 4{,}00\ \text{m/s}$$

Kontrolle des λ-Wertes:

$$\left.\begin{array}{l} \dfrac{k}{d} = 2 \cdot 10^{-3} \\[2mm] Re = \dfrac{v_R \cdot D}{v} = \dfrac{4 \cdot 1{,}0 \cdot 10^6}{1{,}01} = 3{,}96 \cdot 10^6 \end{array}\right\} \quad \lambda = 0{,}0235$$

$$Q_{max} = v_R \cdot \dfrac{\pi \cdot D^2}{4} = 4{,}00 \cdot \dfrac{\pi \cdot 1{,}0^2}{4} = 3{,}14\ \text{m}^3/\text{s}$$

b) Aus der *Bernoulli*-Gleichung folgt:

$$h_{EB} = (\zeta_E + \zeta_D) \cdot \dfrac{v_R^2}{2g} + \lambda \cdot \dfrac{L_1}{D} \cdot \dfrac{v_R^2}{2g} + \dfrac{v_R^2}{2g} + \dfrac{p_B}{\rho \cdot g}$$

$$h_{EB} = h_B + \dfrac{D}{2}$$

$$\dfrac{p_B}{\rho \cdot g} = 2{,}0 + \dfrac{D}{2}$$

$$v_R = \sqrt{\dfrac{\left(h_{EB} - \dfrac{p_B}{\rho \cdot g}\right) \cdot 2g}{1 + \zeta_E + \zeta_D + \lambda \cdot \dfrac{L_1}{D}}} = \sqrt{\dfrac{(10{,}5 - 2{,}5) \cdot 2 \cdot 9{,}81}{1 + 0{,}3 + 0{,}5 + 0{,}0235 \cdot \dfrac{1000}{1{,}0}}} = 2{,}491\ \text{m/s}$$

Kontrolle des λ-Wertes:

$$\lambda = 0{,}0235$$

$$Q_1 = v_R \cdot \dfrac{\pi \cdot D^2}{4} = 2{,}491 \cdot \dfrac{\pi \cdot 1{,}0^2}{4} = \underline{\underline{1{,}956\ \text{m}^3/\text{s}}}$$

c) Annahmen:
- Wasserschloss im Punkt B verhindert ein Durchlaufen der Druckwellen. Druckstoßwellen beanspruchen nur den Rohrleitungsabschnitt L_2.
- Wasserspiegel im Wasserschloss liegt während des Schließvorganges auf 802 müNN.
- Wasserspiegelschwankungen werden vernachlässigt.
- Reibungsverluste werden im Punkt B als Einlaufverluste berücksichtigt.
- Geschwindigkeitshöhen werden vernachlässigt.

Zustand des Systems zur Zeit t = 0 (stationärer Zustand):

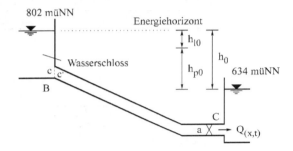

Ermittlung der Rohrkennlinie:

$$\zeta = \lambda \cdot \frac{L_2}{D} = 0{,}0235 \cdot \frac{1000}{1{,}0} = 23{,}5 \qquad A = \frac{\pi \cdot D^2}{4}$$

$$h_{10} = \zeta \cdot \frac{Q_1^2}{2g \cdot A^2} \quad \text{für } Q = Q_1 \qquad (Q_{(x,\,t)} = Q_{(0,\,0)} = Q_1)$$

$$h_{10} = \frac{23{,}5 \cdot 1{,}956^2 \cdot 16}{2 \cdot 9{,}81 \cdot \pi^2 \cdot 1{,}0^4} = 7{,}429 \text{ mWS}$$

$$h_1 = \zeta \cdot \frac{Q^2}{2g \cdot A^2} \qquad \text{für } Q \le Q_1$$

$$h_1 = h_{10} \cdot \left(\frac{Q}{Q_1}\right)^2$$

$$h_{p0} = h_0 - h_{10} \quad \text{(Geschwindigkeitshöhe wird vernachlässigt!)}$$
$$h_p = h_0 - h_1$$

Es werden folgende dimensionslose Größen definiert:

$$\frac{Q}{Q_1} = \frac{Q_{(0,t)}}{Q_{(0,0)}} = \hat{Q} \qquad \frac{h_p}{h_0} = \hat{h} \qquad \frac{h_1}{h_0} = \hat{h}_1 \qquad \frac{h_{10}}{h_0} = \hat{h}_{10}$$

$$\hat{h} = 1 - \hat{h}_{10} \cdot \left(\frac{Q}{Q_1}\right)^2 \quad \text{Gleichung der Rohrkennlinie (vgl. Diagramm Seite 109)}$$

$$\hat{h} = 1 - \frac{\zeta \cdot Q_1^2}{2g \cdot A^2 \cdot h_0} \cdot \hat{Q}^2$$

$$\hat{h} = 1 - \frac{23,5 \cdot 1,956^2}{2 \cdot 9,81 \cdot 0,7854^2 \cdot 168} \cdot \hat{Q}^2 = 1 - 0,04422 \cdot \hat{Q}^2$$

$\hat{Q}$	0	0,1	0,2	0,3	0,4	0,5	0,6	0,7	0,8	0,9	1,0
$\hat{h}$	1,000	0,999	0,998	0,996	0,993	0,989	0,984	0,978	0,972	0,964	0,956

Öffnungsfläche des Schiebers als Funktion der Zeit t:

Öffnungsfläche zur Zeit t = 0:

$$h_0 - h_{10} = \frac{v_a^2}{2g} \qquad\qquad v_a = \sqrt{2g \cdot h_0 - \lambda \cdot \frac{L_2}{D} \cdot v_R^2}$$

$$v_a = \sqrt{2 \cdot 9,81 \cdot 168 - 0,0235 \cdot \frac{1000}{1,0} \cdot 2,491^2} = 56,13 \text{ m/s}$$

$$(\mu \cdot A)_0 = \frac{Q_1}{v_a} = \frac{1,956}{56,13} = 0,0348 \text{ m}^2$$

Öffnungsfläche zur Zeit t > 0:

Aus dem Berechnungsintervall $= \dfrac{2 \cdot L_2}{c} = 2$ s folgt, dass während der Schließzeit von $t_S = 12$ s in Zeitabständen von 2 s die Öffnungsfläche bekannt sein muss. Aus der linearen Veränderung der Öffnungsfläche ergibt sich

mit $\dfrac{(\mu \cdot A)_t}{(\mu \cdot A)_0} = \tau$ (Öffnungsverhältnis)

t	(s)	0	2	4	6	8	10	12
$(\mu \cdot A)_t$	(m²)	0,0348	0,0290	0,0232	0,0174	0,0116	0,0058	0
τ_t	–	τ_0	τ_2	τ_4	τ_6	τ_8	τ_{10}	τ_{12}
τ	–	1,000	0,833	0,667	0,500	0,333	0,167	0

Ermittlung der τ - Parabeln für das Regelorgan:

$$Q_{(0,0)} = (\mu \cdot A)_0 \cdot \sqrt{2g \cdot h_{p0}}$$

$$Q_{(0,t)} = (\mu \cdot A)_t \cdot \sqrt{2g \cdot h_p}$$

$$\hat{Q} = \tau \cdot \sqrt{\frac{h_p \cdot h_0}{h_{p0} \cdot h_0}} = \tau \cdot \sqrt{\frac{\hat{h}}{h_{p0} / h_0}}$$

$$\hat{h} = \frac{h_{p0}}{h_0} \cdot \frac{1}{\tau^2} \cdot \hat{Q}^2 \quad \text{Gleichung der } \tau\text{-Parabeln (vgl. Diagramm auf Seite 109)}$$

$$h_{p0} = h_0 - h_{10} = 168,0 - 7,429 = 160,57 \text{ m}$$

In der folgenden Tabelle sind die Funktionswerte $\hat{h} = f(\hat{Q})$ enthalten.

$\hat{Q}$	τ_0	τ_2	τ_4	τ_6	τ_8	τ_{10}
0,0	0	0,000	0,000	0,000	0,000	0,000
0,1	0,010	0,014	0,021	0,038	0,086	0,344
0,2	0,038	0,055	0,086	0,152	0,344	1,376
0,3	0,086	0,124	0,193	0,344	0,774	
0,4	0,153	0,220	0,344	0,612	1,376	
0,5	0,239	0,344	0,537	0,956		
0,6	0,344	0,500	0,774	1,376		
0,7	0,468	0,674	1,054			
0,8	0,612	0,881				
0,9	0,774	1,115				
1,0	0,956	1,376				

Grafische Lösung von *Schnyder* und *Bergeron*: (Diagramm auf Seite 109)

Neigung der Druckstoßgeraden:

$$\tan \hat{\alpha} = \pm \frac{c \cdot Q_1}{g \cdot A \cdot h_0}$$

$$\tan \hat{\alpha} = \pm \frac{1000 \cdot 1,956}{9,81 \cdot 0,7854 \cdot 168} = \pm 1,511$$

$$\hat{\alpha} = \pm 56,5°$$

Positive Druckstoßgerade: F (Primärwelle)
Negative Druckstoßgerade: f (Reflexionswelle)

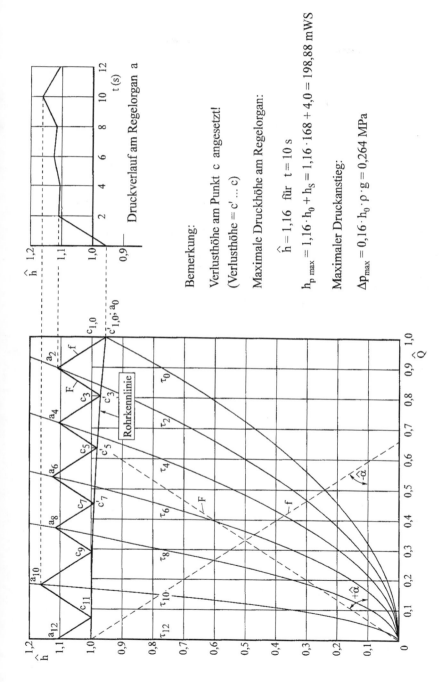

Druckverlauf am Regelorgan a

Bemerkung:

Verlusthöhe am Punkt c angesetzt!
(Verlusthöhe = c' ... c)

Maximale Druckhöhe am Regelorgan:

$$\hat{h} = 1,16 \quad \text{für} \quad t = 10 \text{ s}$$

$$h_{p\,max} = 1,16 \cdot h_0 + h_S = 1,16 \cdot 168 + 4,0 = 198,88 \text{ mWS}$$

Maximaler Druckanstieg:

$$\Delta p_{max} = 0,16 \cdot h_0 \cdot \rho \cdot g = 0,264 \text{ MPa}$$

Erläuterungen zur grafischen Lösung:

In dem $\hat{h}$ - $\hat{Q}$ -Diagramm wird die bezogene Druckhöhe $\hat{h}$ am Regelorgan zur Zeit t = 0 (Beginn der Schließzeit) durch die Lage des Punktes a_0 bestimmt. Die erste Primärwelle erreicht den Punkt c nach 1 s, so dass bis zu diesem Zeitpunkt gilt $a_0 = c'_{1,0}$.

Die zur Zeit t = 1,0 s in c startende Reflexionswelle (charakterisiert durch die negative Druckstoßgerade) erreicht das Regelorgan zur Zeit t = 2 s. Die Druck-Durchfluss-Verhältnisse werden zu diesem Zeitpunkt durch die Parabel τ_2 bestimmt. Die Druckhöhe am Regelorgan ergibt sich daher durch den Schnittpunkt von f mit τ_2 und wird im Diagramm durch den Punkt a_2 bestimmt. Die von diesem Punkt ausgehende Primärwelle erreicht den Punkt c zur Zeit t = 3 s. Der Schnittpunkt der positiven Druckstoßgeraden mit der Rohrkennlinie gibt daher die Druckhöhe in c an, die durch den Punkt c'_3 gekennzeichnet ist.

d) Mit v_R = 2,491 m/s (für Q_1) wird wegen möglicher Fehlbedienung mit t < 12 s der *Jankowski*-Stoß angesetzt:

$$h_{a\,max} = \frac{c \cdot Q_{max}}{g \cdot A} = \frac{c \cdot v_{max}}{g} = \frac{1000 \cdot 2,491}{9,81} = 253,9 \text{ m WS}$$

$$\frac{p_a}{\rho \cdot g} = h_s + h_{p0} + h_{a\,max} = 4,0 + 160,6 + 253,9 = 418,5 \text{ m WS}$$

$$p_a = 4,105 \text{ MPa}$$

Die Wandstärke s der Rohrleitung folgt aus:

$$s = \frac{p_a \cdot D}{2 \cdot \sigma_z} = \frac{4,105 \cdot 10^6 \cdot 10^3}{2 \cdot 140 \cdot 10^6} = \underline{\underline{14,66 \text{ mm}}}$$

Aufgabe 7.1.2: Für die dargestellte Rohrleitung von D = 3 m Durchmesser und L = 1000 m Länge ist die kleinste Druckhöhe h_a am Regelorgan und in der Mitte der Rohrleitung (L/2) für folgende Öffnungsfunktion zu berechnen ($\mu \cdot A$ = hydraulisch wirksame Öffnungsfläche des Regelorgans).

t	(s)	0	1	2	3	4	5	6	7	8
$\mu \cdot A$	(m^2)	0	0,05	0,10	0,14	0,30	0,35	0,40	0,42	0,44

Die Druckwellengeschwindigkeit beträgt c = 770 m/s. Die Reibungseinflüsse sind zu vernachlässigen.

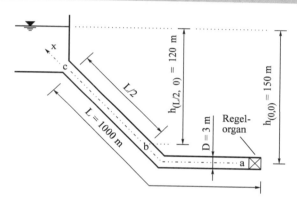

Lösung: Ermittlung von Q_1 bei voller Öffnung ($t = t_e = 8s$):

$$\text{Rohrquerschnitt } A = \frac{\pi \cdot D^2}{4} = \frac{\pi \cdot 3{,}0^2}{4} = 7{,}068 \text{ m}^2$$

$$Q_0 = (\mu \cdot A)_e \cdot \sqrt{2g \cdot h_0} = 0{,}44 \cdot \sqrt{2 \cdot 9{,}81 \cdot 150} = 23{,}87 \text{ m}^3/\text{s}$$

Rohrkennlinie:

$$\hat{h}_{10} = 0 \quad (\text{keine Reibungsverluste})$$

$$\hat{h} = 1{,}0 \Rightarrow h_{p0} = h_0$$

Ermittlung der τ-Parabeln für das Regelorgan

$$Q_{(x,t)} = Q_{(0,te)} = Q_1$$

$$Q = Q_{(0,te)} = (\mu \cdot A)_e \cdot \sqrt{2g \cdot h_{p0}}$$

$$Q = Q_{(0,t)} = (\mu \cdot A)_t \cdot \sqrt{2g \cdot h_p}$$

$$\tau = \frac{(\mu \cdot A)_t}{(\mu \cdot A)_e} \qquad \text{(Öffnungsverhältnis)}$$

Berechnungsintervall: Da auch in der Mitte der Rohrleitung der Druckverlauf bestimmt werden soll, ist ein Berechnungsintervall von L/c = 1,30 s erforderlich.
Aus der linearen Interpolation folgt:

t	(s)	0	1,3	2,6	3,9	5,2	6,5	7,8	9,1	10,4
$(\mu \cdot A)_t$	(m²)	0	0,065	0,124	0,284	0,360	0,410	0,436	0,440	0,440
τ_t	–	τ_0	$\tau_{1,3}$	$\tau_{2,6}$	$\tau_{3,9}$	$\tau_{5,2}$	$\tau_{6,5}$	$\tau_{7,8}$	$\tau_{9,1}$	$\tau_{10,4}$
τ	–	0	0,148	0,282	0,645	0,818	0,932	0,991	1,000	1,000

$$\hat{h} = \frac{1}{\tau^2} \cdot \hat{Q}^2 \qquad \text{(Gleichung der } \tau\text{-Parabeln)}$$

In der Tabelle sind die Funktionswerte $\hat{h} = f(\hat{Q})$ aufgeführt:

$\hat{Q}$	$\tau(1,3)$	$\tau(2,6)$	$\tau(3,9)$	$\tau(5,2)$	$\tau(6,5)$	$\tau(7,8)$	$\tau(9,1)$
0,0	0,000	0,000	0,000	0,000	0,000	0,000	0,000
0,1	0,458	0,126	0,024	0,015	0,011	0,010	0,010
0,2	1,832	0,504	0,096	0,060	0,046	0,041	0,040
0,3		1,133	0,216	0,134	0,103	0,091	0,090
0,4			0,384	0,239	0,184	0,162	0,160
0,5			0,600	0,373	0,288	0,255	0,250
0,6			0,864	0,538	0,415	0,366	0,360
0,7			1,176	0,732	0,564	0,499	0,490
0,8				0,956	0,737	0,652	0,640
0,9				1,210	0,933	0,825	0,810
1,0					1,152	1,018	1,000

Grafische Lösung von *Schnyder* und *Bergeron* (Diagramm auf Seite 113):

Neigung der Druckstoßgeraden:

$$\tan\hat{\alpha} = \pm\frac{c \cdot Q_0}{g \cdot A \cdot h_0} = \pm\frac{770 \cdot 23,87}{9,81 \cdot 7,068 \cdot 150} = \pm 1,767$$

$$\hat{\alpha} = \pm 60,5°$$

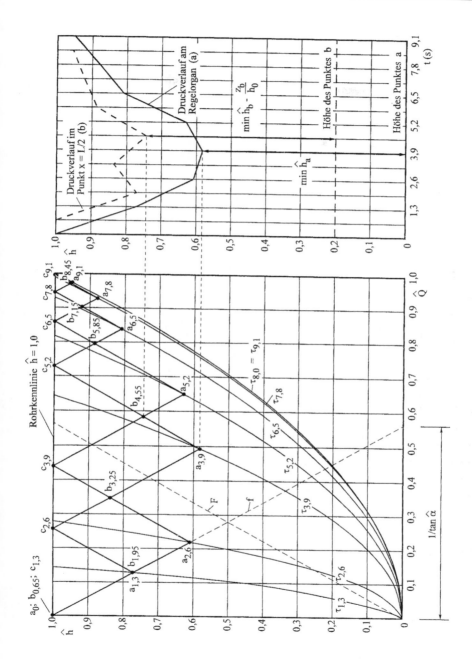

Erläuterungen zur grafischen Lösung:

Wenn zur Zeit t = 0 mit dem Öffnen des Regelorgans begonnen wird, bleiben die statio-
nären Verhältnisse (Druckverhältnisse bei geschlossenem Schieber)

im Punkt a bis zur Zeit t = 0 s (a_0)

im Punkt b bis zur Zeit t = 0,65 s ($b_{0,65}$) und

im Punkt c bis zur Zeit t = 1,3 s ($c_{1,3}$)

erhalten. Im $\hat{h}$-$\hat{Q}$-Diagramm liegen daher diese Punkte bei $\hat{h}$ = 1,0 und $\hat{Q}$ = 0. Eine von
$b_{0,65}$ ausgehende Reflexionswelle (negative Druckstoßgerade f) trifft zur Zeit t = 1,3 s am
Regelorgan ein. Die bezogene Piezometerhöhe $\hat{h}$ am Regelorgan ergibt sich daher aus
dem Schnittpunkt der Druckstoßgerade f mit der $\tau_{1,3}$-Parabel ($a_{1,3}$).
Dieser Druckwert wird mit einer Primärwelle nach b übertragen, die zur Zeit t = 1,95 s
in b eintrifft. Die zur Zeit t = 0 in a gestartete Primärwelle mit der Druckänderung „Null"
erreicht als Reflexionswelle den Punkt b ebenfalls nach t = 1,95 s, so dass der Druckwert
von $a_{1,3}$ durch die eintreffende Reflexionswelle nicht verändert wird ($b_{1,95}$ = $a_{1,3}$).

Ergebnisse:

Kleinste Druckhöhe am Regelorgan (a):

$$\min \hat{h}_a = 0,583 = \frac{h_{a\,min}}{h_0}$$

$$\underline{h_{a\,min} = 87,4 \text{ mWS}}$$

Kleinste Druckhöhe bei L/2 (b):

$$\min \hat{h}_b - \frac{z_b}{h_0} = 0,583 = \frac{h_{b\,min}}{h_0}$$

$$\underline{h_{b\,min} = 87,45 \text{ mWS}}$$

Aufgabe 7.1.3: Der Durchfluss des in der Skizze dargestellten Fernwasserleitungssystems kann durch ein Regelorgan am Ende der Rohrleitung verändert werden.

a) Ermitteln Sie den maximalen Durchfluss für das vollständig geöffnete Regelorgan, das in dieser Stellung die Querschnittsfläche der Rohrleitung vollständig frei gibt und keinen Verlust verursacht (absolute Rauheit der Rohrleitung $k = 1,5$ mm, Wassertemperatur $T_W = 10\ °C$).

b) Ermitteln Sie für den Durchfluss $Q = 0,65\ m^3/s$ die minimale Schließ- und Öffnungszeit des Regelorgans, wenn die Druckänderung vor dem Regelorgan 10 % der statischen Druckhöhe nicht überschreiten soll! Die Änderung der Durchflussfläche in der Zeiteinheit ist dabei als Konstante zu betrachten (lineare Regelfunktion). Reibungseinflüsse sind zu vernachlässigen.

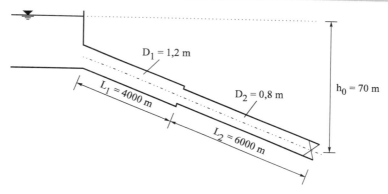

Lösung:

a) Örtliche Verluste:

Einlaufverlustbeiwert: $\zeta_e = 0,5$
Verlustbeiwert bei plötzlicher Verengung (vgl. *Technische Hydromechanik/1, S. 195*):

$$\frac{A_2}{A_1} = \frac{D_2^2}{D_1^2} = \frac{0,8^2}{1,2^2} = 0,444 \quad \rightarrow \quad \zeta_v = 0,135$$

Verlustbeiwert des Regelorgans bei vollständiger Öffnung $\zeta_s = 0$

Aus der *Bernoulli*-Gleichung erhält man:

$$h_0 = \zeta_e \cdot \frac{v_1^2}{2g} + \lambda_1 \cdot \frac{L_1}{D_1} \cdot \frac{v_1^2}{2g} + \zeta_v \cdot \frac{v_2^2}{2g} + \lambda_2 \cdot \frac{L_2}{D_2} \cdot \frac{v_2^2}{2g} + \frac{v_2^2}{2g}$$

bzw.

$$v_2 = \sqrt{\dfrac{2g \cdot h_0}{\dfrac{D_2^4}{D_1^4} \cdot \left(\zeta_e + \lambda_1 \cdot \dfrac{L_1}{D_1} \right) + \zeta_v + \lambda_2 \cdot \dfrac{L_2}{D_2} + 1}}$$

$$\left. \begin{array}{l} \dfrac{k}{D_1} = \dfrac{1,5}{1200} = 1,25 \cdot 10^{-3} \\[2mm] Re = \infty \end{array} \right\} \quad \lambda_1 = 0,021$$

$$\left. \begin{array}{l} \dfrac{k}{D_2} = \dfrac{1,5}{800} = 1,87 \cdot 10^{-3} \\[2mm] Re = \infty \end{array} \right\} \quad \lambda_2 = 0,023$$

$$v_2 = \sqrt{\dfrac{2 \cdot 9,81 \cdot 70}{\dfrac{0,8^4}{1,2^4} \cdot \left(0,5 + 0,021 \cdot \dfrac{4000}{1,2} \right) + 0,135 + 0,023 \cdot \dfrac{6000}{0,8} + 1}}$$

$$v_2 = 2,706 \ \text{m/s}$$

$$v_1 = v_2 \cdot \dfrac{D_2^2}{D_1^2} = 1,203 \ \text{m/s}$$

Kontrolle der λ-Werte:

$$Re_1 = \dfrac{v_1 \cdot D_1}{v} = \dfrac{1,203 \cdot 1,2 \cdot 10^6}{1,31} = 1,10 \cdot 10^6 \quad \rightarrow \quad \lambda_1 = 0,021$$

$$Re_2 = \dfrac{v_2 \cdot D_2}{v} = \dfrac{2,706 \cdot 0,8}{1,31} \cdot 10^6 = 1,65 \cdot 10^6 \quad \rightarrow \quad \lambda_2 = 0,023$$

$$Q = v_2 \cdot A_2 = 2,706 \cdot \dfrac{\pi \cdot D_2^2}{4} = 1,36 \ \text{m}^3/\text{s}$$

b) Nach der Theorie der starren Wassersäule ist für eine Rohrleitung mit unterschiedlichen Querschnittsflächen eine äquivalente Rohrleitungslänge L* zu ermitteln (vgl. *Technische Hydromechanik/1, S. 337*).

$$L^* = L_2 + L_1 \cdot \dfrac{A_2}{A_1} = 6000 + 4000 \cdot \dfrac{D_2^2}{D_1^2} = 7778 \ \text{m}$$

Schließen:
Für die maximale Druckerhöhung $h_{a\,max}$ beim Regelorgan gilt:

$$\frac{h_{a\,max}^2}{h_0^2} \mp _{(+\text{Öffnen})}^{(-\text{Schließen})} \frac{h_{a\,max}}{h_0} \cdot K_1 - K_1 = 0 \quad \text{oder}$$

$$\frac{h_{a\,max}}{h_0} = \frac{K_1}{2}\left(1 \pm _{(-\text{Öffnen})}^{(+\text{Schließen})} \sqrt{1 + \frac{4}{K_1}}\right)$$

$$\text{mit } K_1 = \frac{L^{*2} \cdot Q^2}{g^2 \cdot A_2^2 \cdot h_0^2} \cdot \left(\frac{d\tau}{dt}\right)^2$$

und der Regelfunktion $\tau = \dfrac{(\mu \cdot A)_t}{(\mu \cdot A)_0}$

(vgl. *Technische Hydromechanik/1, S. 335*)

Daraus folgt mit $\dfrac{h_{a\,max}}{h_0} = 0,10$

$$0,1^2 - 0,1 \cdot K_1 - K_1 = 0$$

$$K_1 = \frac{0,1^2}{1,1} = 9,09 \cdot 10^{-3}$$

$$\frac{d\tau}{dt} = \pm\sqrt{K_1} \cdot \frac{g \cdot A_2 \cdot h_0}{L^* \cdot Q} = \pm 0,0065$$

$$\int_{1,0}^{0} d\tau = -0,0065 \int_{0}^{t_s} dt$$

$$0 - 1,0 = -0,0065 \cdot t_s$$

$$t_s = \frac{1}{0,0065} = 154\,s$$

Die Schließzeit des gedrosselten Regelorgans muss also mindestens 154 s betragen (Die Voraussetzung für die Anwendung der Theorie der starren Wassersäule

$$t_s \text{ in } s > L^* \text{ in km}$$

ist erfüllt).

Öffnen:

Für die maximale Verminderung der Druckhöhe $h_{a\,max}$ vor dem Regelorgan gilt:

$$\frac{h_{a\,max}^2}{h_0^2} + \frac{h_{a\,max}}{h_0} \cdot K_1 - K_1 = 0$$

$$0,1^2 + 0,1 \cdot K_1 - K_1 = 0$$

$$K_1 = \frac{0,1^2}{0,9} = 0,0111$$

$$\frac{d\tau}{dt} = \pm\sqrt{K_1} \cdot \frac{g \cdot A_2 \cdot h_0}{L^* \cdot Q}$$

$$\frac{d\tau}{dt} = \pm\sqrt{K_1} \cdot \frac{9,81 \cdot 0,503 \cdot 70}{7778 \cdot 0,65} = \pm 0,0072$$

$$\int_0^{1,0} d\tau = 0,0072 \int_0^{t_\ddot{o}} dt$$

$$1,0 = 0,0072 \cdot t_\ddot{o}$$

$$t_\ddot{o} = \frac{1}{0,0072} = 139 \text{ s}$$

Die Öffnungszeit des Regelorgans bis zum Erreichen des Durchflusses von 0,65 m³/s muss mindestens 139 s betragen.

Zum Vergleich nach *Budau* h_a proportional $\sqrt{t}$

$$\max h_a = \frac{3L \cdot (Q_0 - Q_e)}{2g \cdot A \cdot t_\ddot{o}} = \frac{3 \cdot 7778 \text{ m} \cdot 0,65 \text{ m}^3/\text{s}}{2g \cdot \dfrac{\pi \cdot D_2^2}{4} \cdot t_\ddot{o}}$$

$$t_\ddot{o} = 219 \text{ s}$$

7.2 Schwall- und Sunkwellen in offenen Gerinnen

Aufgabe 7.2.1: Wie hoch müssen die Seitenwände eines b = 8 m breiten rechteckigen betonierten Zuleitungskanals zu einem Kraftwerk sein, wenn die bei plötzlichem Abschalten der Turbine auftretenden Schwallerscheinungen berücksichtigt werden? Bei einem Zufluss von Q = 80 m³/s beträgt die mittlere Fließgeschwindigkeit v = 2 m/s.

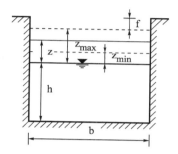

Lösung: Die Wassertiefe im Kanal beträgt:

$$h = \frac{A}{b} = \frac{Q}{v \cdot b} = \frac{80}{2 \cdot 8} = 5 \text{ m}$$

Die absolute Geschwindigkeit des Stauschwalls beträgt: $c = v - w$
(Als positive Richtung der Geschwindigkeitsvektoren wird die Richtung der Fließgeschwindigkeit v definiert.)
Die relative Schwallschnelligkeit im Rechteckkanal folgt aus:

$$w = \sqrt{g \cdot \left(h + 3 \cdot \frac{z}{2} + \frac{z^2}{2 \cdot h} \right)}$$

Die Durchflussänderung ist

$$\Delta Q = c \cdot \Delta A = 80 \text{ m}^3\big/\text{s} \qquad \text{mit} \qquad \Delta A = z \cdot b$$

Die mittlere Schwallhöhe z kann iterativ wie folgt gefunden werden:

Mit z = 0 erhält man $w_1 = \sqrt{g \cdot h}$ und als Startwert c

$$c_1 = v - \sqrt{g \cdot h} = 2 - \sqrt{9{,}81 \cdot 5} = -5 \text{ m}\big/\text{s}$$

Für die folgende Iterationsschritte i gilt:

$$z_{i+1} = \left| \frac{\Delta Q}{c_i \cdot b} \right| \qquad \text{und} \qquad c_{i+1} = v - \sqrt{g \cdot \left(h + \frac{3}{2} z_{i+1} + \frac{z_{i+1}^2}{2 \cdot h} \right)}$$

i		1	2	3	4	5	6	7
z	(m)		2,00	1,413	1,545	1,513	1,520	1,520
c	(m/s)	−5,00	−7,078	−6,473	−6,610	−6,577	−6,584	

Die mittlere Schwallhöhe z beträgt somit 1,52 m.
Schwallwellen lösen sich in Einzelwellen auf, wenn

$$Fr = \frac{w}{\sqrt{g \cdot h}} < 1{,}34$$

(vgl. *Technische Hydromechanik/2, Abschnitt 10.2*)

$$Fr = \frac{w}{\sqrt{g \cdot h_0}} = \sqrt{\frac{9{,}81 \cdot \left(5 + \frac{3}{2} \cdot 1{,}52 + \frac{1{,}52^2}{2 \cdot 5} \right)}{9{,}81 \cdot 5}} = 1{,}22 < 1{,}34$$

Maximale Höhe der Einzelwelle ist also:

$$z_{max} = \frac{3}{2} \cdot z = \frac{3}{2} \cdot 1{,}52 = \underline{\underline{2{,}28 \text{ m}}}$$

Höhe der Seitenwand mit 0,5 m Freibord:

$$h_w = h + z_{max} + 0{,}5 \approx \underline{\underline{7{,}80 \text{ m}}}$$

Aufgabe 7.2.2: Der <u>Unterwasserkanal</u> eines Kraftwerkes hat eine Sohlbreite von $b = 8$ m und eine Böschungsneigung von 1 : 2. Bei stationär gleichförmigem Normalabfluss führt er einen Abfluss von $Q_0 = 120$ m³/s bei einer mittleren Geschwindigkeit von $v_0 = 2$ m/s ab.

a)   Berechnen Sie die Wassertiefe bei Normalabfluss!

b)   In welchem Bereich kann der Abfluss bei plötzlicher Durchflussänderung geregelt werden, wenn die mittlere Sunkwellenhöhe von 0,5 m und die mittlere Schwallwellenhöhe von 0,35 m nicht überschritten werden dürfen?

Lösung:

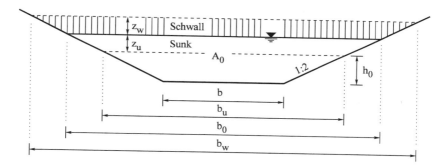

a) Die Normalabflusstiefe h_0 kann aus der Fließfläche A_0 ermittelt werden:

$$A_0 = \frac{Q_0}{v_0} = \frac{120}{2} = 60 \ m^2$$

$$A_0 = b \cdot h_0 + m \cdot h_0^2$$

$$h_0 = -\frac{b}{2 \cdot m} + \sqrt{\frac{b^2}{4 \cdot m^2} + \frac{A_0}{m}}$$

$$h_0 = -\frac{8}{2 \cdot 2} + \sqrt{\frac{8^2}{4 \cdot 2^2} + \frac{60}{2}} = \underline{3,831 \ m} \quad \text{nur positiver Wert physikalisch sinnvoll}$$

$$b_0 = b + 2 \cdot m \cdot h_0 = 8 + 2 \cdot 2 \cdot 3,831 = 23,324 \ m$$

b) Relative Schnelligkeit des Absperrsunkes:

$$w = \sqrt{\frac{A_0 - \Delta A}{A_0 \cdot \Delta A} \cdot \left(g \cdot A_0 \cdot z_u - g \cdot \Delta A \cdot z_u + \frac{F_K}{\rho} \right)}$$

$$b_u = b_0 - 2 \cdot m \cdot z_u = 23,324 - 2 \cdot 2 \cdot 0,5 = 21,324 \ m$$

$$\Delta A = b_u \cdot z_u + m \cdot z_u^2 = 21,324 \cdot 0,5 + 2 \cdot 0,5^2 = 11,162 \ m^2$$

$F_K =$ hydrostatische Kraft im Bereich der Wellenfront

$$\frac{F_K}{\rho} = g \cdot \frac{z_u^2}{6} \cdot (2 \cdot b_u + b_0) = \frac{9{,}81 \cdot 0{,}5^2}{6} \cdot (2 \cdot 21{,}324 + 23{,}324) = 26{,}966 \; \frac{m^4}{s^2}$$

$$w = \sqrt{\frac{60 - 11{,}162}{60 \cdot 11{,}162} \cdot (9{,}81 \cdot 60 \cdot 0{,}5 - 9{,}81 \cdot 11{,}162 \cdot 0{,}5 + 26{,}966)} = 4{,}409 \; m/s$$

Absolute Schnelligkeit:

$$c = w + v = 4{,}409 + 2{,}00 = 6{,}409 \; m/s$$

$$Q_{min} = Q_0 - \Delta A \cdot c = 120 - 11{,}162 \cdot 6{,}409 = \underline{\underline{48{,}468 \; m^3/s}}$$

Relative Schnelligkeit des Füllschwalles:

$$w = \sqrt{g \cdot z_w \cdot \left(\frac{A_0 + \Delta A}{\Delta A}\right) + \frac{F_K}{\rho} \cdot \left(\frac{A_0 + \Delta A}{A_0 \cdot \Delta A}\right)}$$

$$b_w = b_0 + 2 \cdot m \cdot z_w = 23{,}324 + 2 \cdot 2 \cdot 0{,}35 = 24{,}724 \; m$$

$$\Delta A = b_0 \cdot z_w + m \cdot z_w^2 = 8{,}408 \; m^2$$

$$\frac{F_K}{\rho} = \frac{g \cdot z_w^2}{6} \cdot (2 \cdot b_0 + b_w) = 14{,}295 \; \frac{m^4}{s^2}$$

$$w = \sqrt{9{,}81 \cdot 0{,}35 \cdot \left(\frac{60 + 8{,}408}{8{,}408}\right) + 14{,}295 \cdot \left(\frac{60 + 8{,}408}{60 \cdot 8{,}408}\right)} = 5{,}466 \; m/s$$

Absolute Schnelligkeit:

$$c = w + v = 5{,}466 + 2{,}0 = 7{,}466 \; m/s$$

$$Q_{max} = Q_0 + \Delta A \cdot c = 120 + 8{,}408 \cdot 7{,}466 = \underline{\underline{182{,}77 \; m^3/s}}$$

Der Regelbereich der Wasserkraftanlage liegt zwischen $Q_{min} = 48{,}5 \; m^3/s$ und $Q_{max} = 182{,}5 \; m^3/s$.

Aufgabe 7.2.3: Dem in der Skizze dargestellten Entlastungsgraben wird durch plötzliches Öffnen einer Hochwassereinlassschleuse ein Abfluss von Q = 80 m³/s zugeführt. Der Normalabfluss wird bei einer Wassertiefe von h = 4,5 m und einem Gefälle von I = 0,3 % abgeführt. Wie groß ist die maximale Schwallhöhe z_{max}? Der *Strickler*-Beiwert beträgt k_{St} = 65 m$^{1/3}$/s, die Sohlbreite b = 6 m.

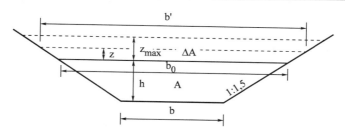

Lösung: Die Fließgeschwindigkeit v im Entlastungsgraben beträgt bei Normalabfluss:

$$v = k_{St} \cdot r_{hy}^{2/3} \cdot I^{1/2}$$

$$r_{hy} = \frac{b \cdot h + m \cdot h^2}{b + 2 \cdot \sqrt{h^2 + m^2 \cdot h^2}} = \frac{6 \cdot 4,5 + 1,5 \cdot 4,5^2}{6 + 2 \cdot \sqrt{4,5^2 + 1,5^2 \cdot 4,5^2}} = 2,582 \text{ m}$$

$$v = 65 \cdot 2,582^{2/3} \cdot 0,0003^{1/2} = \underline{2,12 \text{ m/s}}$$

Die absolute Geschwindigkeit des Füllschwalls: c = v + w
(→ Schwallwelle läuft in Fließrichtung)
Die relative Schwallschnelligkeit folgt aus (vgl. *Technische Hydromechanik/2, Gl. 10.5*):

$$w = \sqrt{g \cdot z \cdot \left(\frac{A + \Delta A}{\Delta A} \right) + \frac{F_K}{\rho} \cdot \left(\frac{A + \Delta A}{A \cdot \Delta A} \right)} \quad \text{mit } F_K = \rho \cdot g \cdot \frac{z^2}{6} \cdot (2 \cdot b_0 + b')$$

Darin bedeute F_K die hydrostatische Kraft im Bereich des Wellenhöhe z.

Die Durchflussänderung ist gegeben: $\Delta Q = c \cdot \Delta A = 80 \text{ m}^3/s$

Die mittlere Schwallhöhe z wird iterativ bestimmt. Als Startwert kann gewählt werden:

$$c_1 = v + \sqrt{g \cdot \frac{A}{b_m}}$$

$$A = b \cdot h + m \cdot h^2 = 57,375 \text{ m}^2 \qquad b_0 = b + 2 \cdot m \cdot h = 6 + 2 \cdot 1,5 \cdot 4,5 = 19,5 \text{ m}$$

$$b_m = \frac{b + b_0}{2} = \frac{6 + 19,5}{2} = 12,75 \text{ m} \qquad c_1 = 2,12 + \sqrt{9,81 \cdot \frac{57,375}{12,75}} = 8,76 \text{ m/s}$$

Für die folgenden Iterationsschritte i gilt:

$$\Delta A_{i+1} = \left| \frac{\Delta Q}{c_i} \right|$$

$$z_{i+1} = -\frac{b_0}{2 \cdot m} + \sqrt{\frac{b_0^2}{4 \cdot m^2} - \frac{\Delta A_{i+1}}{m}} \qquad \Delta A_{i+1} = b_0 \cdot z_{i+1} + m \cdot z_{i+1}^2$$

$$b_{i+1} = b_0 + 2 \cdot m \cdot z_{i+1}$$

$$\frac{F_{K \cdot i+1}}{\rho} = g \cdot \frac{z_{i+1}}{6} \cdot (2 \cdot b_0 + b_{i+1})$$

$$c_{i+1} = v + \sqrt{g \cdot z_{i+1} \left(\frac{A + \Delta A_{i+1}}{\Delta A_{i+1}} \right) + \frac{F_{K \cdot i+1}}{\rho} \cdot \left(\frac{A + \Delta A_{i+1}}{\Delta A_{i+1}} \right)}$$

i	–		1	2	3	4	5
ΔA	(m^2)			9,132	9,968	9,910	9,913
z	(m)			0,453	0,493	0,490	0,490
$F_{K, i+1}/\rho$	(m^4/s^2)			20,045	23,786	23,516	23,533
c	(m/s)		8,76	8,026	8,073	8,070	8,070

Die mittlere Schwallhöhe z beträgt also 0,490 m.

Prüfung auf Auflösung in Einzelwellen (vgl. *Technische Hydromechanik/2, Abschnitt 10.2.3, Gl. 10.55*):

$$w = c - v = 8,07 - 2,12 = 5,95 \text{ m/s}$$

$$Fr = \frac{w}{\sqrt{g \cdot \frac{A}{b_0}}} = \frac{5,95}{\sqrt{9,81 \cdot \frac{57,375}{19,5}}} = 1,107 < 1,34$$

Die maximale Tiefe für die erste Hebungswelle erhält man aus

$$\frac{\dfrac{b \cdot h_{max} + m \cdot h_{max}^2}{b + 2 \cdot m \cdot h_{max}}}{\dfrac{b \cdot h + m \cdot h^2}{b + 2 \cdot m \cdot h}} = Fr^2 \qquad \frac{\dfrac{6 \cdot h_{max} + h_{max}^2}{6 + 2 \cdot 1,5 \cdot h_{max}}}{\dfrac{6 \cdot 4,5 + 1,5 \cdot 4,5^2}{6 + 2 \cdot 1,5 \cdot 4,5}} = 1,107^2$$

$$\Rightarrow h_{max} = 5,73 \text{ m}$$

Maximale Höhe der Schwallwelle:

$$z_{max} = 5,73 - 4,5 = \underline{\underline{1,23 \text{ m}}}$$

8 Ausflussströmungen

8.1 Stationärer Ausfluss aus Öffnungen

Aufgabe 8.1.1: Für eine Auslaufkonstruktion am Boden eines Behälters soll der Ausflussbeiwert bestimmt werden. Dem Behälter wird ein konstanter Volumenstrom Q = 30 l/s zugeführt. Der Wasserspiegel liegt dabei in einer Höhe von h = 1,2 m über dem Austrittsquerschnitt der Bodenöffnung. Die Öffnungsfläche beträgt A = 80 cm².

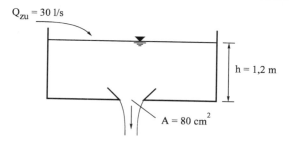

$Q_{zu} = 30$ l/s

$h = 1,2$ m

$A = 80$ cm²

Lösung: Der Ausfluss aus der Bodenöffnung berechnet sich zu (vgl. *Technische Hydromechanik/1, S. 368*):

$$Q = \mu \cdot A \cdot \sqrt{2g \cdot h}$$

Damit kann bei konstanter Wasserspiegellage der Ausflussbeiwert μ bestimmt werden:

$$\mu = \frac{Q}{A \cdot \sqrt{2g \cdot h}} = \frac{0,03}{0,008 \cdot \sqrt{2 \cdot 9,81 \cdot 1,2}} = \underline{0,77}$$

Anmerkung: Bei der experimentellen Bestimmung von Ausflussbeiwerten zeigt sich, dass diese nicht nur von der geometrischen Gestaltung der Öffnung, sondern auch vom Durchfluss abhängig sind, was in diesem Beispiel nicht weiter betrachtet wird.

Aufgabe 8.1.2: Aus einer rechteckigen scharfkantigen Öffnung von b = 2 m Breite in einer senkrechten Wand soll bei einem Wasserstand von h = 2,2 m über der Unterkante der Öffnung ein Ausfluss von höchstens Q = 7,5 m³/s hindurchgelassen werden.
Wie groß darf die Öffnungshöhe a höchstens sein, wenn freier Ausfluss vorliegt und der Ausflussbeiwert µ = 0,65 beträgt?

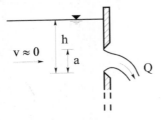

Lösung: Die Öffnungshöhe a wird mittels der Formel für den Ausfluss aus Seitenöffnungen bestimmt, wobei die Zuströmgeschwindigkeit mit Null angenommen wird (vgl. *Technische Hydromechanik/1, S. 377*):

$$Q = \frac{2}{3} \cdot \mu \cdot b \cdot \sqrt{2g} \cdot [h^{3/2} - (h-a)^{3/2}]$$

Durch Umstellen nach a erhält man:

$$Q = \frac{2}{3} \cdot \mu \cdot b \cdot \sqrt{2g} \cdot h^{3/2} - \frac{2}{3} \cdot \mu \cdot b \cdot \sqrt{2g} \cdot (h-a)^{3/2}$$

$$a = h - \left(h^{3/2} - \frac{Q}{\frac{2}{3} \cdot \mu \cdot b \cdot \sqrt{2g}} \right)^{2/3}$$

$$a = 2,2 - \left(2,2^{3/2} - \frac{7,5}{\frac{2}{3} \cdot 0,65 \cdot 2,0 \cdot \sqrt{2 \cdot 9,81}} \right)^{2/3}$$

$$\underline{\underline{a = 1,0 \ m}}$$

Die Höhe der rechteckigen Öffnung muss 1,0 m betragen.

8.2 Instationärer Ausfluss aus Öffnungen

Aufgabe 8.2.1: In einem zylindrischen Gefäß mit $A_0 = 1,5$ m² Querschnittsfläche liegt der Wasserstand um $h = 1,0$ m über der Bodenöffnung, die eine Fläche von $A = 10$ cm² aufweist. Das Gefäß kann nur über die Bodenöffnung oder durch eine an der Bodenöffnung angeschlossene Rohrleitung entleert werden.

a) Wie groß ist der mittlere Ausflussbeiwert μ der Bodenöffnung, wenn der Behälter nur über die Bodenöffnung entleert wird und der Wasserspiegel, beginnend bei $h = 1$ m, in 16,5 s um 3 cm sinkt?

b) Wie groß ist die Entleerungszeit, wenn der Behälter nur über die Bodenöffnung vollständig entleert wird?

c) Wie groß ist die Entleerungszeit, wenn an dem Behälter eine Rohrleitung mit dem Querschnitt der Bodenöffnung und einer Länge von $L_R = 5$ m angeschlossen wird und Verluste vernachlässigt werden?

d) Wie verändert sich die Entleerungszeit von **c)**, wenn ein Einlaufverlustwert von $\zeta_e = 0,5$ und ein Widerstandsbeiwert von $\lambda = 0,02$ der Rohrleitung berücksichtigt werden?

e) Wie groß ist zurzeit $t = 0$ der minimale Druck p in der Rohrleitung, wenn von dem in **d)** beschriebenen System ausgegangen wird?

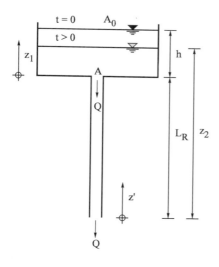

Lösung:

a) Das Absinken des Wasserspiegels von h auf z_1 erfordert die Zeit t, die sich aus

$$t = \frac{2 \cdot A_0}{\sqrt{2g} \cdot \mu \cdot A} \cdot (\sqrt{h} - \sqrt{z_1})$$

ergibt. z_1 bezeichnet darin die Höhe des Wasserspiegels über der Bodenöffnung zur Zeit t = 16,5 s.

$$\mu = \frac{2 \cdot A_0}{\sqrt{2g} \cdot A \cdot t} \cdot (\sqrt{h} - \sqrt{z_1})$$

$$\mu = \frac{2 \cdot 1,5 \cdot 10^3}{\sqrt{2g} \cdot 1 \cdot 16,5} \cdot (\sqrt{1,00} - \sqrt{0,97}) = \underline{\underline{0,62}}$$

b) Für die vollständige Entleerung gilt mit $z_1 = 0$:

$$t_{E1} = \frac{2 \cdot A_0}{\sqrt{2g} \cdot \mu \cdot A} \cdot \sqrt{h}$$

$$t_{E1} = \frac{2 \cdot 1,5 \cdot 10^3}{\sqrt{2 \cdot 9,81} \cdot 0,62} \cdot \sqrt{1,00} = \underline{\underline{1092 \text{ s}}}$$

c) Für die vollständige Entleerung mit angeschlossener Rohrleitung gilt:

$$t_{E2} = \frac{2 \cdot A_0}{\sqrt{2g} \cdot \mu \cdot A} \cdot (\sqrt{h + L_R} - \sqrt{L_R}) \quad \text{mit } \mu = 1,00$$

$$t_{E2} = \frac{2 \cdot 1,5 \cdot 10^3}{\sqrt{2 \cdot 9,81} \cdot 1} \cdot (\sqrt{1 + 5} - \sqrt{5})$$

$$t_{E2} = \underline{\underline{144,55 \text{ s}}}$$

d) Die Verlusthöhe in der Rohrleitung erhält man aus:

$$h_V = c \cdot \frac{v^2}{2g} \quad \text{mit} \quad D = \sqrt{\frac{4 \cdot A}{\pi}} = \sqrt{\frac{4 \cdot 0,001}{\pi}} = 0,0357 \text{ m}$$

$$\text{und} \quad c = \varsigma_e + \lambda \cdot \frac{L_R}{D} = 0,5 + 0,02 \cdot \frac{5}{0,0357} = 3,301$$

Die Energiegleichung für den Endquerschnitt der Rohrleitung liefert ($z' = 0$):

$$z_2 = 0 + 0 + \frac{v^2}{2g} + h_V = \frac{v^2}{2g} \cdot (1 + c)$$

$$v = \sqrt{\frac{2g \cdot z_2}{1 + c}} = \frac{1}{\sqrt{1 + c}} \cdot \sqrt{2g \cdot z_2} = c_V \cdot \sqrt{2g \cdot z_2} \qquad c_V = \frac{1}{\sqrt{1 + 3,301}} = 0,482$$

$$Q = c_V \cdot A \cdot \sqrt{2g \cdot z_2}$$

(c_V wirkt wie ein Ausflussbeiwert)

Aus $\dfrac{dz}{dt} = -\dfrac{Q}{A_0}$ folgt:

$$\int_0^{t_{E3}} dt = - \int_{h+L_R}^{L_R} \frac{A_0}{c_V \cdot A \cdot \sqrt{2g \cdot z}} \cdot dz$$

$$t_{E3} = \frac{2 \cdot A_0}{c_V \cdot A \cdot \sqrt{2g}} \cdot (\sqrt{h + L_R} - \sqrt{L_R})$$

$$t_{E3} = \frac{2 \cdot 1,5 \cdot 10^3}{0,482 \cdot \sqrt{2 \cdot 9,81}} \cdot (\sqrt{6} - \sqrt{5})$$

$$t_{E3} = \underline{\underline{299,83\ s}}$$

e) Im Einlaufbereich der Rohrleitung stellt sich der Strömungsquerschnitt A_S ein ($A_S < A$).

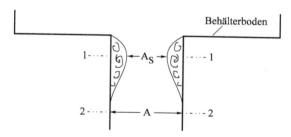

Der Impulssatz zwischen den Schnitten 1 und 2 liefert (plötzliche Rohrerweiterung):

$$\zeta_e = \left(\frac{A}{A_S} - 1\right)^2 = \left(\frac{1}{\psi} - 1\right)^2 \qquad \text{Kontraktionsbeiwert } \psi = \frac{A_S}{A}$$

$$\psi = \frac{1}{1 + \sqrt{\zeta_e}} = \frac{1}{1 + \sqrt{0,5}} = 0,586$$

Die Energiegleichung für eine geodätische Höhe z' $\approx L_R$ liefert:

$$z_2 = L_R + \frac{p_S}{\rho \cdot g} + \frac{v_S^2}{2g} \qquad \text{mit} \quad v_S = v \cdot \frac{A}{A_S} = \frac{v}{\psi}$$

$$z_2 = L_R + \frac{p_S}{\rho \cdot g} + \frac{1}{\psi^2} \cdot \frac{v^2}{2g}$$

$$z_2 = L_R + \frac{p_S}{\rho \cdot g} + \frac{1}{\psi^2} \cdot c_v^2 \cdot z_2$$

$$\frac{p_S}{\rho \cdot g} = z_2 \cdot \left(1 - \frac{c_v^2}{\psi^2}\right) - L_R$$

$$\frac{p_S}{\rho \cdot g} = 6 \cdot \left(1 - \frac{0{,}482^2}{0{,}586^2}\right) - 5 = -3{,}059 \text{ mWS}$$

Anmerkung: Aus der Darstellung der Energie- und Drucklinie wird deutlich, dass nach einer Wasserspiegelsenkung von 0,3...0,4 m die Energielinie unter die Rohrachse fällt, d. h., dass die Strömung dann nicht mehr mit den hier angenommenen vereinfachten Ansätzen erfasst werden kann. Die im Einlaufbereich der Rohrleitung einsetzende Wirbelbewegung verändert die Querschnitts- und Druckverhältnisse. Daraus folgt, dass auch der unter **d)** ermittelte Wert für die Entleerungszeit t_{E3} nur ein Näherungswert ist.

Aufgabe 8.2.2: In einem prismatischen Behälter von $A_0 = 8$ m^2 Querschnittsfläche steht das Wasser $h = 10$ m über der Unterkante einer rechteckigen Seitenöffnung von $b = 1,2$ m Breite und $a = 0,8$ m Höhe. Berechnen Sie die Fallzeit des Wasserspiegels bis auf die Höhe, die dem Beharrungszustand entspricht, wenn ein konstanter Zufluss von $Q_Z = 5$ m^3/s vorhanden ist! Der Ausflussbeiwert ist zu $\mu = 0,62$ anzunehmen.

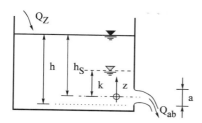

Lösung: Für den Beharrungszustand gilt $Q_Z = Q_{ab}$. Daraus folgt:

$$k = \frac{Q_Z^2}{\mu^2 \cdot A^2 \cdot 2g} = \frac{5^2}{0,62^2 \cdot 0,96^2 \cdot 2 \cdot 9,81} = 3,59579 \text{ m}$$

Da $k > 3 \cdot a = 2,4$ m und $h > 3 \cdot a$ ist, kann die Seitenöffnung als Bodenöffnung betrachtet werden (gleiche Geschwindigkeit in allen Punkten der Öffnung).

Für die Fallzeit t des Wasserspiegels von h_S auf z gilt

$$t = \frac{A_0}{g \cdot \mu^2 \cdot A^2} \left[\mu \cdot A \cdot \sqrt{2g} \cdot (\sqrt{h_S} - \sqrt{z}) + Q_Z \cdot \ln \left(\frac{Q_Z - \mu \cdot A \cdot \sqrt{2g \cdot h_S}}{Q_Z - \mu \cdot A \cdot \sqrt{2g \cdot z}} \right) \right]$$

Die Auswertung liefert mit $h_S = 9,6$ m und $z = k + \Delta z$:

z	(m)	3,65	3,62	3,60	3,597	k
t	(s)	58,48	68,05	90,83	122,28	∞

Theoretisch wird der Beharrungszustand nach einer unendlichen Zeit erreicht. Für praktische Zwecke wird ein Wert für Δz vorgegeben.

Aufgabe 8.2.3: Ein Staubecken, dessen Inhalt durch die Gleichung $V = V_0 + 1{,}3 \cdot 10^6 \; z^{1{,}5}$ angegeben werden kann, ist bis zu einer Höhe h = 10,0 m gefüllt. Das Staubecken soll in kürzester Zeit über die Grundablässe mit einer Fläche von $A_{G\,max}$ = 15 m² und einem Ausflussbeiwert von μ = 0,60 entleert werden. Wie lange dauert die Entleerung, bis der Wasserspiegel des Restvolumens V_0 mit dem UW-Spiegel ausgeglichen ist und wenn der maximale Abfluss Q_{max} = 60 m³/s betragen darf?

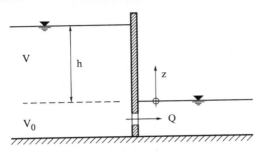

Lösung: Der zulässige Durchfluss wird erreicht bei einem Wasserspiegelunterschied z_0.

$$z_0 = \frac{Q_{zul}^2}{\mu^2 \cdot A_{G\,max}^2 \cdot 2g} = \frac{60^2}{0{,}6^2 \cdot 15^2 \cdot 2 \cdot 9{,}81} = 2{,}265 \, \text{m}$$

Für $z > z_0$ muss der Ausfluss so gedrosselt werden, dass immer $Q = Q_{zul}$ ist.
Die Zeit für die Absenkung des Wasserspiegels von h auf z_0 ist:

$$\Delta t = \frac{\Delta V}{Q_{zul}}$$

Für $z \leq z_0$ kann der Grundablass vollständig geöffnet werden.

$$Q = \mu \cdot A_{G\,max} \cdot \sqrt{2g \cdot z}$$

Die Entleerungszeit für eine Lamelle im Stauraum mit näherungsweise konstantem A_0 ist

$$\Delta t = \frac{2 \cdot A_0 \cdot (\sqrt{z_i} - \sqrt{z_{i+1}})}{\mu \cdot A_{G\,max} \cdot \sqrt{2g}}$$

$$\text{mit} \quad A_0 = \frac{\Delta V}{\Delta z}$$

Die Berechnung erfolgt in Tabellenform:

z (m)	Q (m³/s)	ΔV (m³)	A₀ (m²)	Δt (s)
10	60,0			
		36 678 161		611 303
2,265	60,0			
		754 493	ΔV/0,265	12 967
2	56,37			
		1 288 703	ΔV/0,5	24 499
1,5	48,82			
		1 088 252	ΔV/0,5	24 541
1	39,86			
		840 380	ΔV/0,5	24 697
0,5	28,19			
		459 619	ΔV/0,5	32 610
0	0			
				Σ = 730 617

Die Entleerungszeit beträgt also $t_E = 730617$ s $\approx$ **203 h**

8.3   Freier und rückgestauter Ausfluss unter Schützen

Aufgabe 8.3.1: Der Auslass eines Wasserbeckens besteht aus einer drehbaren Klappe mit einer Breite b = 1 m und einer Höhe r = 4 m. Um welchen Winkel α muss die Klappe gedreht werden, wenn bei einem Beckenwasserstand von h_0 = 3 m der Abfluss Q = 2,6 m³/s betragen soll?

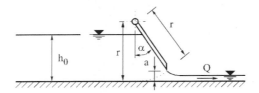

Lösung: Die Auslasskonstruktion entspricht in ihrem hydraulischen Verhalten einem geneigten Planschütz. Der Durchfluss berechnet sich zu (vgl. *Technische Hydromechanik/1, S. 381 f.*):

$$Q = \mu_A \cdot A \cdot \sqrt{2g \cdot h_0} = \mu_A \cdot a \cdot b \cdot \sqrt{2g \cdot h_0}$$

$$\text{mit } a = r \cdot (1 - \cos\alpha) \text{ bzw. } \alpha = \arccos\left(\frac{r - a}{r}\right)$$

Der Ausflussbeiwert μ_A ist vom Neigungswinkel α und dem Öffnungsverhältnis a/h_0 abhängig und damit anfänglich nicht bekannt. Mit einem Anfangswert von μ_A = 0,65 erhält man:

$$a = \frac{Q}{\mu_A \cdot b \cdot \sqrt{2g \cdot h_0}} = \frac{2,6}{0,65 \cdot 1 \cdot \sqrt{2 \cdot 9,81 \cdot 3}} = 0,52\,\text{m}$$

$$\alpha = \arccos\left(\frac{4 - 0,52}{4}\right) = 29,5°$$

Die Korrektur des Auslaufbeiwertes ergibt (vgl. Diagramm in *Technische Hydromechanik/1, S. 382*):

$$\left.\begin{array}{l} \alpha = 90 - 29.5° \approx 60° \\[2mm] \dfrac{a}{h_0} = \dfrac{0,52}{3} = 0,173 \end{array}\right\} \quad \mu_A = 0,66$$

$$a = \frac{2,6}{0,66 \cdot 1 \cdot \sqrt{2 \cdot 9,81 \cdot 3}} = 0,51\,\text{m}$$

$$\alpha = \arccos\left(\frac{4 - 0,51}{4}\right) = \underline{\underline{29,25°}}$$

Aufgabe 8.3.2: In einem offenen Gerinne mit Rechteckquerschnitt (Breite b = 4 m) wird der Abfluss mit einem scharfkantigen senkrechten Schützverschluss geregelt. Es ist die Abflusscharakteristik für den Schützverschluss, das heißt, die Funktion des Durchflusses Q von der Öffnungshöhe a gesucht. Im Unterwasser schließt sich ein Rechteckgerinne mit folgenden Parametern an: Gerinnebreite b = 4 m, Anströmtiefe h_0 = 3 m,, *Strickler*-Beiwert k_{St} = 60 $m^{1/3}$/s, Gefälle I = 0,0625 %. Der maximale Durchfluss beträgt Q_{max} = 15 m^3/s.

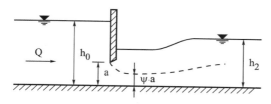

Lösung: Bei der Unterströmung des Schützes kommt es, unabhängig davon, ob freier oder rückgestauter Ausfluss vorliegt, zu einer Strahleinschnürung. Diese wird durch den Einschnürungsbeiwert ψ charakterisiert, der nach *Voigt* (vgl. *Technische Hydromechanik/1, S. 382*) bestimmt werden kann zu:

$$\psi = \frac{1}{1 + 0,64 \cdot \sqrt{1 - (a/h_0)^2}}$$

Aus *Bernoulli*-Gleichung und Kontinuitätsgesetz folgt für den freien Abfluss unter dem Schütz:

$$Q = \psi \cdot a \cdot b \cdot \sqrt{\frac{2g \cdot (h_0 - \psi \cdot a)}{1 - \left(\frac{\psi \cdot a}{h_0}\right)^2}}$$

Tritt hinter dem Schütz strömender Abfluss auf, so bildet sich ein Wechselsprung aus. Ist die Unterwassertiefe so groß, dass der Wechselsprung überstaut wird, so verringert sich ab einer bestimmten Wassertiefe der Abfluss im Vergleich zu dem mit der obigen Gleichung berechneten. Unter Zuhilfenahme des Impulssatzes kann die Unterwassertiefe $h_{2,grenz}$ bestimmt werden, oberhalb derer rückgestauter Ausfluss vorliegt.

$$h_{2,grenz} = \frac{1}{2} \cdot \psi \cdot a \cdot \left(\sqrt{1 + \frac{16 \cdot h_0}{\frac{a}{\psi \cdot \left(1 + \frac{\psi \cdot a}{h_0}\right)}}} - 1 \right)$$

Weiterhin kann der Abfluss bei Rückstau berechnet werden zu (vgl. *Technische Hydro-mechanik/1, S. 383 ff.*):

$$Q = \kappa \cdot Q_{frei}$$

$$\text{mit}\,\kappa = \sqrt{\frac{m - \sqrt{m^2 - 1 + (h_2/h_0)^2}}{1 - \frac{\psi \cdot a}{h_0}}} \quad \text{und}\, m = 1 + \frac{2 \cdot \frac{\psi \cdot a}{h_0}}{1 - \left(\frac{\psi \cdot a}{h_0}\right)^2} \cdot \left(\frac{\psi \cdot a}{h_2} - 1\right)$$

Zur Ermittlung der Abflusscharakteristik ist also auch die Schlüsselkurve für das Unter-wasser erforderlich. Diese wird mit der Fließformel nach *Manning-Strickler* berechnet. Im Beispiel wird dabei zu einem Durchfluss die zugehörige Wassertiefe h_2 gesucht. Da die Fließformel nicht direkt nach der Wassertiefe umgestellt werden kann, ist eine Iterations-rechnung mit der unten angegebenen Fixpunktgleichung erforderlich. Es wäre auch eine tabellarische oder grafische Auswertung möglich.

$$Q = k_{St} \cdot A \cdot r_{hy}^{2/3} \cdot I^{1/2} = k_{St} \cdot b \cdot h_2 \cdot \left(\frac{b \cdot h_2}{b + 2 \cdot h_2}\right)^{2/3} \cdot I^{1/2}$$

$$\text{Fixpunktgleichung:} \quad h_2 = \left[\frac{Q^{3/2} \cdot (b + 2 \cdot h_2)}{b^{5/2} \cdot k_{St}^{3/2} \cdot I^{3/4}}\right]^{2/5}$$

Die Bestimmung der Abflusscharakteristik wird nun in tabellarischer Form durchgeführt. Der Rechenalgorithmus gliedert sich dabei in folgende Schritte:

1. Öffnungshöhe a vorgeben,
2. Beiwert κ wählen,
3. Einschnürungsbeiwert ψ berechnen,
4. Durchfluss Q berechnen,
5. Unterwassertiefe h_2 bestimmen,
6. Beiwert κ neu berechnen und wieder ab 4. Durchfluss neu berechnen.

Es zeigt sich, dass das Verfahren in dieser Form nicht konvergiert, da bei jedem Iterationsschritt die Grenze zwischen freiem und rückgestautem Ausfluss übersprungen wird. Ungeachtet eines möglichen mathematisch verbesserten Verfahrens wird hier deshalb durch gezieltes Probieren die Lösung gefunden, indem nicht der neu berechnete κ-Wert, sondern ein näher am vorangegangenen liegender Wert verwendet wird.

a (m)	κ –	h_0/a –	ψ –	Q (m³/s)	h_2 (m)	$h_{2,grenz}$ (m)	κ (ber.) –
0,25	1	12,0	0,611	4,57	1,00	1,25	–
0,50	1	6,0	0,613	8,96	1,61	1,68	–
0,75	1	4,0	0,617	13,23	2,12	1,97	0,74
	0,9			11,90	1,99		0,88
	0,89			11,77	1,97		0,89
1,00	1	3,0	0,624	17,42	2,66	2,20	0,50
	0,7			12,19	2,02		–
	0,8			13,93	2,24		0,80
1,25	0,8	2,4	0,632	17,26	2,63	2,37	0,56
	0,7			15,10	2,38		0,82
	0,75			16,18	2,51		0,68
	0,73			15,75	2,46		0,73

Bei einer Öffnungshöhe von a $\approx$ 0,75 m wird die Grenze zwischen freiem und rückgestautem Ausfluss erreicht.

Im untenstehenden Diagramm sind die Abflusscharakteristik des Schützverschlusses sowie die Schlüsselkurve im Unterwasser grafisch dargestellt.

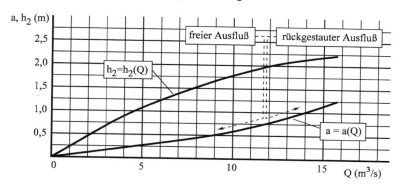

9 Überfallströmungen

9.1 Überfallformeln und Abflussberechnung

Aufgabe 9.1.1: An einem Wehr mit scharfkantigem Rechtecküberfall wird die Überfallhöhe zu h = 0,25 m gemessen. Es ist der Abfluss Q zu berechnen.

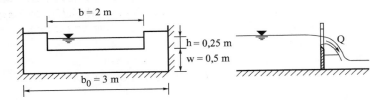

Lösung: Der Abfluss wird mit der Überfallformel:

$$Q = \frac{2}{3} \cdot \mu \cdot \sqrt{2g} \cdot b \cdot h^{3/2}$$

bestimmt. Der Überfallbeiwert μ ist von der Form der Überfallkante und den Zulaufbedingungen abhängig. Unter der Annahme, dass im Beispiel der Überfallstrahl voll belüftet ist, kann die empirische Beziehung des *Schweizerischen Ingenieur- und Architektenvereins* (vgl. *Technische Hydromechanik/1, S. 414 f.*) angewendet werden. Damit errechnet sich der Abfluss folgendermaßen:

$$\mu = \left[0{,}578 + 0{,}037 \cdot \left(\frac{b}{b_0}\right)^2 + \frac{3{,}615 - 3 \cdot (b/b_0)^2}{1000 \cdot h + 1{,}6} \right] \cdot \left[1 + \frac{1}{2} \cdot \left(\frac{b}{b_0}\right)^4 \cdot \left(\frac{h}{h+w}\right)^2 \right]$$

$$\mu = \left[0{,}578 + 0{,}037 \cdot \left(\frac{2}{3}\right)^2 + \frac{3{,}615 - 3 \cdot (2/3)^2}{1000 \cdot 0{,}25 + 1{,}6} \right] \cdot \left[1 + \frac{1}{2} \cdot \left(\frac{2}{3}\right)^4 \cdot \left(\frac{0{,}25}{0{,}25 + 0{,}5}\right)^2 \right]$$

$$\mu = 0{,}610$$

$$Q = \frac{2}{3} \cdot 0{,}610 \cdot \sqrt{2 \cdot 9{,}81} \cdot 2 \cdot 0{,}25^{3/2} = \underline{\underline{0{,}45 \ \text{m}^3/\text{s}}}$$

Aufgabe 9.1.2: Der Hochwasserüberlauf eines kleinen Stauteiches wird in der dargestellten Form ausgebildet. Die Breite des Überfalles beträgt b = 3,2 m. Es ist die Lage des Stauspiegels bei einem Abfluss von Q = 4 m³/s zu bestimmen.

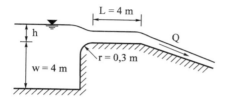

Lösung: Ist die horizontale Länge der Überfallkrone ausreichend, so dass sich parallele Stromlinien ausbilden können, handelt es sich um einen breitkronigen Überfall. Auf der Überfallkrone tritt dann gerade die Grenztiefe auf. Damit lässt sich der Überfallbeiwert theoretisch zu $\mu = 0{,}577$ bestimmen (vgl. *Technische Hydromechanik/1, S. 410 f.*). Zulaufgeschwindigkeit und Ausbildung der Anströmkante erfordern eine Korrektur des Überfallbeiwertes (vgl. *Technische Hydromechanik/1, S. 412, Bild 9.12*). Im Beispiel ist die Überfallhöhe h zunächst nicht bekannt. Es wird deshalb anfänglich mit $\mu = 0{,}577$ (entspricht C = 1,705 m$^{1/2}$/s) gerechnet.

$$Q = \frac{2}{3} \cdot \mu \cdot \sqrt{2g} \cdot b \cdot h^{3/2} = C \cdot b \cdot h^{3/2} \quad \text{mit} \quad C = \frac{2}{3} \cdot \mu \cdot \sqrt{2g}$$

$$\Rightarrow \quad h = \left(\frac{Q}{C \cdot b}\right)^{2/3} = \left(\frac{4}{1{,}705 \cdot 3{,}2}\right)^{2/3} = \underline{\underline{0{,}81\,\text{m}}}$$

Jetzt kann der Überfallbeiwert korrigiert werden:

$$r/h = 0{,}3/0{,}81 = 0{,}37 \qquad h/w = 0{,}81/4 = 0{,}2 \quad \Rightarrow \quad C = 1{,}62 \ \text{m}^{1/2}/\text{s}$$

$$h = \left(\frac{4}{1{,}62 \cdot 3{,}2}\right)^{2/3} = \underline{\underline{0{,}84\,\text{m}}}$$

Eine weitere Korrektur ist nicht sinnvoll. Der Vergleich der Überfallhöhe mit der Länge L ergibt, dass es sich tatsächlich um einen breitkronigen Überfall handelt:

$$L = 4\,\text{m} > 3 \cdot h = 3 \cdot 0{,}84 = 2{,}52\,\text{m}$$

Der Stauspiegel liegt bei Hochwasserabfluss also 0,84 m höher als die Überfallkrone.

Aufgabe 9.1.3: An der Mündung eines Kanals mit Rechteckquerschnitt in ein Staubecken befindet sich ein Wehr mit einem festen Standardüberfall. Die Bemessungsüberfallhöhe beträgt $h_B = 0,6$ m, die Wehrhöhe $w = 3,0$ m, Kanal und Überfallkrone haben die gleiche Breite $b = 6$ m. Der Zufluss im Kanal beträgt konstant $Q = 8$ m³/s. Es ist die Stauhöhe vor dem Wehr für $h_{u1} = 0$ und $h_{u2} = 0,5$ m zu bestimmen. Welche Stauhöhen stellen sich ein, wenn anstelle des Standardüberfalles ein scharfkantiger Überfall verwendet wird?

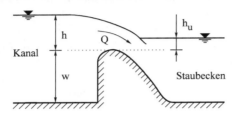

Lösung: Im ersten Fall liegt der Wasserspiegel im Staubecken in Höhe der Überfallkrone, es handelt sich somit um einen vollkommenen Überfall. Der Überfallbeiwert C ist beim Standardüberfall von der Überfallenergiehöhe, der Bemessungsüberfallenergiehöhe und der Wehrhöhe abhängig. Durch Umrechnen kann der Überfallbeiwert auch auf die Überfallhöhe und Bemessungsüberfallhöhe bezogen werden (vgl. *Technische Hydromechanik/1, S. 408, Bild 9.9*). Da C anfänglich nicht bekannt ist, wird als Startwert $C = 2,2$ m$^{1/2}$/s geschätzt und die Überfallhöhe iterativ berechnet.

$$Q = C \cdot b \cdot h^{3/2} \quad \rightarrow \quad h = \left(\frac{Q}{C \cdot b}\right)^{2/3}$$

C	h	h/h_B
(m$^{1/2}$/s)	(m)	–
2,20	0,72	1,19
2,28	0,70	1,17
2,27	0,70	

Die Überfallhöhe beträgt im ersten Fall beim Standardüberfall h = 0,70 m.

Der Überfallbeiwert μ für das Rechteckwehr kann nach der Gleichung des *Schweizerischen Ingenieur- und Architektenvereins* (vgl. *Technische Hydromechanik/1, S. 414 f.*) bestimmt werden. Als Startwert für die Iteration wird μ = 0,6 angenommen.

$$Q = \frac{2}{3} \cdot \mu \cdot \sqrt{2g} \cdot b \cdot h^{3/2} \quad \Rightarrow \quad h = \left(\frac{3 \cdot Q}{2 \cdot \mu \cdot \sqrt{2g} \cdot b}\right)^{2/3}$$

$$\mu = 0,615 \cdot \left(1 + \frac{1}{1000 \cdot h + 1,6}\right) \cdot \left[1 + 0,5 \cdot \left(\frac{h}{h + w}\right)^2\right]$$

μ	h
−	(m)
0,6	0,83
0,630	0,80
0,629	0,80

Am scharfkantigen Überfall ist eine größere Überfallhöhe von 0,80 m erforderlich.

Im zweiten Fall liegt der Wasserspiegel im Staubecken über der Überfallkrone, es ist deshalb zu prüfen, ob eine Beeinflussung der Überfallströmung vom Unterwasser her auftritt, das heißt, ob es sich um einen vollkommenen oder unvollkommenen Überfall handelt. Die Verringerung der Abflussleistung bei unvollkommenem Überfall wird durch einen Abminderungsfaktor berücksichtigt.

$$Q_{uv} = \sigma_{uv} \cdot Q_v = \sigma_{uv} \cdot C \cdot b \cdot h^{3/2} = \sigma_{uv} \cdot \frac{2}{3} \cdot \mu \cdot \sqrt{2g} \cdot b \cdot h^{3/2}$$

Der Abminderungsfaktor σ_{uv} ist von dem Verhältnis der Wasserspiegellagen vor und hinter dem Überfall und von der Profilform abhängig (vgl. *Technische Hydromechanik/1, S. 419, Bild 9.19*). Da C bzw. μ und σ_{uv} anfänglich nicht bekannt sind, wird die Überfallhöhe iterativ mit den folgenden Startwerten bestimmt.

$$C = 2,2 \text{ m}^{1/2}/s \quad \text{bzw.} \quad \mu = 0,6 \quad \text{und} \quad \sigma_{uv} = 1$$

$$h = \left(\frac{Q}{\sigma_{uv} \cdot C \cdot b} \right)^{2/3} \quad \text{bzw.} \quad h = \left(\frac{3 \cdot Q}{2 \cdot \sigma_{uv} \cdot \mu \cdot \sqrt{2g} \cdot b} \right)^{2/3}$$

Die weiteren Berechnungsschritte sind in den Tabellen aufgeführt

Standardüberfall				
C	σ_{uv}	h	h/h_B	h_u/h
(m$^{1/2}$/s)	−	(m)	−	−
2,2	1	0,72	1,20	0,69
2,28	0,92	0,74	1,23	0,68
2,29	0,92	0,74		

Rechecküberfall			
μ	σ_{uv}	h	h_u/h
−	−	(m)	−
0,6	1	0,83	0,60
0,630	0,74	0,98	0,51
0,634	0,79	0,93	0,54
0,633	0,77	0,95	0,53
0,633	0,78	0,94	

Bei beiden Profilformen tritt unvollkommener Überfall auf. Es ist der stärkere Einfluss des erhöhten Unterwasserstandes beim Rechecküberfall hervorzuheben.

Aufgabe 9.1.4: Eine Fluss-Staustufe besteht aus einem 3-feldrigen Wehr mit rundkronigen Überfällen. Wie groß ist der Abfluss Q über das Wehr, wenn der Einfluss der Pfeiler und seitlichen Widerlager berücksichtigt wird?

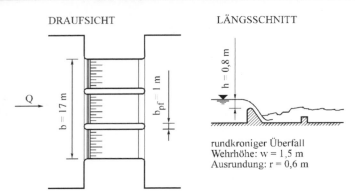

DRAUFSICHT   LÄNGSSCHNITT

rundkroniger Überfall
Wehrhöhe: w = 1,5 m
Ausrundung: r = 0,6 m

Lösung: Die Pfeiler sowie die seitlichen Wehrwangen bewirken eine Einschnürung des Überfallstrahles. Die damit verbundene Verringerung der Abflussleistung wird durch einen Abminderungsbeiwert σ_{pf} berücksichtigt, der vom Einschnürungsbeiwert ξ und der Wehrbreite b abhängt, wobei in b auch die Pfeilerbreiten enthalten sind (vgl. *Technische Hydromechanik/1, S. 421 f.*). Für halbrunde Pfeilerköpfe ist $\xi = 0,07$. Die Anzahl n der Pfeiler erhöht sich bei ähnlich ausgebildeten beidseitigen Wehrwangen um eins.

$$\sigma_{pf} = 1 - \frac{\Sigma b_{pf}}{b} - \Sigma\left(2 \cdot n \cdot \xi \cdot \frac{h}{b}\right) = 1 - \frac{2 \cdot 1}{17} - 2 \cdot 3 \cdot 0,07 \cdot \frac{0,8}{17} = 0,863$$

Der Überfallbeiwert μ für den kreisförmig ausgerundeten Überfall kann z. B. mit der empirischen Gleichung von *Rehbock* (vgl. *Technische Hydromechanik/1, S. 404 f.*) bestimmt werden:

$$\mu = 0,312 + \sqrt{0,3 - 0,01 \cdot \left(5 - \frac{h}{r}\right)^2} + 0,09 \cdot \frac{h}{w}$$

$$\mu = 0,312 + \sqrt{0,3 - 0,01 \cdot \left(5 - \frac{0,8}{0,6}\right)^2} + 0,09 \cdot \frac{0,8}{1,5} = 0,767$$

Damit ergibt sich der Abfluss Q zu:

$$Q = \sigma_{pf} \cdot \frac{2}{3} \cdot \mu \cdot \sqrt{2g} \cdot b \cdot h^{3/2} = 0,863 \cdot \frac{2}{3} \cdot 0,767 \cdot \sqrt{2 \cdot 9,81} \cdot 17 \cdot 0,8^{3/2}$$

$$Q = \underline{\underline{23,8 \ m^3/s}}$$

Aufgabe 9.1.5: Zur Durchflussmessung in einem offenen Gerinne wird die in der Vorderansicht abgebildete scharfkantige Messblende verwendet. Es ist die theoretisch ableitbare Überfallformel für den Bereich h > h₀ anzugeben.

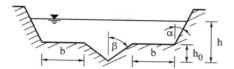

Lösung: Der Messblendenausschnitt kann in eine Kombination aus Dreieck- und Rechtecküberfällen zerlegt werden.

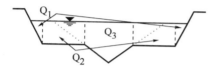

Die beiden Randbereiche ergeben einen Dreiecküberfall:

$$Q_1 = \frac{8}{15} \cdot \mu \cdot \sqrt{2g} \cdot \tan\alpha \cdot (h - h_0)^{5/2}$$

Der Bereich über den waagerechten Überfallkanten wird als Rechtecküberfall betrachtet:

$$Q_2 = \frac{2}{3} \cdot \mu \cdot \sqrt{2g} \cdot 2 \cdot b \cdot (h - h_0)^{3/2}$$

Der Durchfluss im mittleren Bereich ergibt sich als Differenz der Durchflüsse an Dreiecküberfällen mit den Überfallhöhen h und (h - h₀):

$$Q_3 = \frac{8}{15} \cdot \mu \cdot \sqrt{2g} \cdot \tan\beta \cdot [h^{5/2} - (h - h_0)^{5/2}]$$

Der Gesamtdurchfluss ergibt sich als Summe der Teildurchflüsse:

$$Q_{Ges} = Q_1 + Q_2 + Q_3$$

$$Q_{Ges} = \mu \cdot \sqrt{2g} \cdot \left\{ \frac{4}{3} b \cdot (h - h_0)^{3/2} + \frac{8}{15} [\tan\beta \cdot h^{5/2} + (\tan\alpha - \tan\beta)(h - h_0)^{5/2}] \right\}$$

Der Überfallbeiwert μ ist vom Durchfluss abhängig und muss im vorliegenden Fall durch hydraulische Versuche bestimmt werden, da die bekannten Zusammenhänge für einfache Dreieck- und Rechtecküberfälle hier nicht verwendbar sind. Man erhält μ ≈ 0,6...0,7.

9.2 Bemessung von Wehrüberfällen

Aufgabe 9.2.1: Zur Messung des Durchflusses in einem Rechteckgerinne soll ein Messwehr mit *Thomson*-Überfall eingebaut werden. Bestimmen Sie die erforderlichen Abmessungen für Wehrhöhe und maximale Überfallhöhe, wenn bei dem Maximaldurchfluss von Q = 80 l/s der Unterwasserstand h_u = 0,35 m beträgt. In welchem Abstand stromaufwärts der Messblende muss die Pegellatte für die Messung der Überfallhöhe angebracht werden?

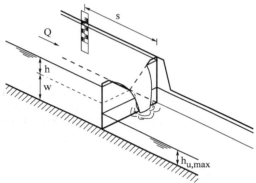

Lösung: Die Wehrhöhe ergibt sich bei gleicher ober- und unterwasserseitiger Sohlhöhe aus der Forderung nach einwandfreier Belüftung der Unterseite des Überfallstrahles. Eine genaue Berechnung der Wechselstauhöhe zwischen Messblende und Überfallstrahl ist in diesem Fall schwierig, es wird ein „Sicherheitsabstand" von 0,2 m vorgesehen:

$$w = h_{u,max} + 0{,}2 = 0{,}35 + 0{,}2 = \underline{\underline{0{,}55 \text{ m}}}$$

Zur Bemessung der maximal möglichen Überfallhöhe ist eine Näherungsformel für den *Thomson*-Überfall ausreichend (vgl. *Technische Hydromechanik/1, S. 415*):

$$Q = 1{,}352 \cdot h^{2{,}483}$$

$$h = \left(\frac{Q}{1{,}352}\right)^{\frac{1}{2{,}483}} = \left(\frac{0{,}08}{1{,}352}\right)^{\frac{1}{2{,}483}} = \underline{\underline{0{,}32 \text{ m}}}$$

Die Höhe des V-förmigen Ausschnittes in der Messblende muss also etwa 0,4 m betragen. Um eine Verfälschung des Messergebnisses infolge der Absenkung der Wasseroberfläche vor dem Überfall zu vermeiden, ist ein Mindestabstand s zur Pegellatte erforderlich:

$$s \approx 4 \cdot h = 4 \cdot 0{,}32 \approx \underline{\underline{1{,}3 \text{ m}}}$$

Aufgabe 9.2.2: In einem Bewässerungskanal ist ein Wehr zur Stauregulierung zu dimensionieren. Es besteht aus einem festen Überfall. Folgende Größen sind gegeben: Stauhöhe über der Kanalsohle bei dem maximalen Abfluss $Q_{max} = 30$ m³/s, $h_{S,\,max} = 2,0$ m, minimale Stauhöhe $h_{S,\,min} = 1,3$ m bei einem Minimalabfluss von $Q_{min} = 4$ m³/s. Eine Beeinflussung der Überfallströmung durch das Unterwasser sowie infolge seitlicher Einschnürung kann ausgeschlossen werden. Bestimmen sie unter Beachtung der obengenannten Bedingungen die erforderliche Wehrbreite und Wehrhöhe.

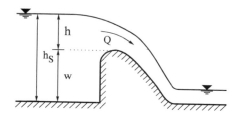

Lösung: Zur Bemessung sind drei Größen variabel: Wehrbreite, Wehrhöhe und Gestaltung des Überfallprofiles. Wird der Überfallbeiwert vorerst als konstant angenommen, so ergeben sich mit der Überfallformel zwei Gleichungen mit zwei Unbekannten. Dieses Gleichungssystem wird nach der gesuchten Breite b umgestellt:

$$Q_{max} = C \cdot b \cdot h_{max}^{3/2} = C \cdot b \cdot (h_{S,max} - w)^{3/2}$$

$$Q_{min} = C \cdot b \cdot h_{min}^{3/2} = C \cdot b \cdot (h_{S,min} - w)^{3/2}$$

$$\Rightarrow w = h_{S,max} - \left(\frac{Q_{max}}{b \cdot C}\right)^{2/3} = h_{S,min} - \left(\frac{Q_{min}}{b \cdot C}\right)^{2/3}$$

$$\Rightarrow b = \left[\frac{\left(\dfrac{Q_{max}}{C}\right)^{2/3} - \left(\dfrac{Q_{min}}{C}\right)^{2/3}}{h_{S,max} - h_{S,min}}\right]^{3/2}$$

Für den Überfall wird ein Standardprofil gewählt. Der Überfallbeiwert C ist von der Wehrhöhe und der Bemessungsüberfallhöhe abhängig (vgl. *Technische Hydromechanik/1, S. 408, Bild 9.9*). Es wird im Beispiel festgelegt, die Bemessungsüberfallhöhe ist halb so groß wie die vorhandene Überfallhöhe bei Maximalabfluss. Damit tritt auf dem Überfallrücken kein unzulässiger Unterdruck auf. Die weitere Berechnung erfolgt iterativ, als Startwert wird C = 2,2 m$^{1/2}$/s geschätzt.

$$h_{max} = h_{S,max} - w \qquad h_{min} = h_{S,min} - w \qquad h_B = h_{max}/2$$

C_{max}	C_{min}	b	w	h_{max}	h_B	h_{min}	h_{max}/h_B	h_{min}/h_B	h_B/w
$(m^{1/2}/s)$	$(m^{1/2}/s)$	(m)	(m)	(m)	(m)	(m)	–	–	–
2,2	2,2	14,792	1,053	0,947	0,474	0,247	2	0,522	0,450
2,65	2,04	11,062	0,984	1,016	0,508	0,316	2	0,621	0,516
2,66	2,08	11,098	0,989	1,011	0,505	0,311	2	0,615	0,511
2,66	2,075	11,09	0,99	1,012	0,51	0,312	2	0,616	0,512

Die erforderliche Wehrbreite beträgt b = 11,09 m. Der Standardüberfall wird für eine Bemessungsüberfallhöhe von h_B = 0,51 m ausgeführt, die Wehrhöhe ist w = 0,99 m.

Aufgabenverzeichnis

Stationäre Strömung in Druckrohrleitungen

Stationäres Fließen in offenen Gerinnen

Sachwörterverzeichnis